北戴河国家湿地公园
鸟类图鉴

唐宏亮　主编

内容简介

本书以图文并茂的形式系统展现了北戴河国家湿地公园的鸟类资源。全书共收录鸟类19目62科177属345种，其中，国家一级保护鸟类14种，国家二级保护鸟类57种，对每种鸟类从中文名（别名）、学名、形态特征、生活习性、生境、分布、鸣声、受威胁程度和保护等级方面进行了描述，同时每种鸟类精选1～3张能够反映其特征的生态图片，便于识别和科普宣教。本书基于全面系统的野外调查和监测，是最新反映北戴河国家湿地公园鸟类资源的彩色图鉴，可为北戴河国家湿地公园鸟类资源监测、保护和管理提供依据，具有科学性、独创性和系统性的特点。

图书在版编目(CIP)数据

北戴河国家湿地公园鸟类图鉴 / 唐宏亮主编. -- 北京 : 中国林业出版社, 2023.12
ISBN 978-7-5219-2601-9

Ⅰ. ①北… Ⅱ. ①唐… Ⅲ. ①北戴河—沼泽化地—国家公园—鸟类—图集 Ⅳ. ①Q959.708-64

中国国家版本馆CIP数据核字(2024)第027785号

策划编辑：肖静
责任编辑：肖静　邹爱
装帧设计：北京八度出版服务机构

————————————

出版发行：中国林业出版社
（100009，北京市西城区刘海胡同7号，电话83143577）
电子邮箱：cfphzbs@163.com
网址：https://www.cfph.net
印刷：河北鑫汇壹印刷有限公司
版次：2023年12月第1版
印次：2023年12月第1次
开本：889mm×1194mm　1/16
印张：22.5
字数：480千字
定价：128.00元

《北戴河国家湿地公园鸟类图鉴》

编辑委员会领导小组

主　任：骆德新　李孝强

副主任：高　明

成　员：王志伟　于永斌　闫　超　孙　浩　李玉辉　石　兵
赵淑军　李志高　曹芸玮　董青圆

编辑委员会

主　编：唐宏亮

副主编：高宏颖　范怀良　董赛红　刘杉杉　李孝强　高　明

编　者：高宏颖　范怀良　董赛红　刘杉杉　马瑞娜　曹煜晨
王志伟　于永斌　闫　超　孙　浩　朱凌宇　陆秋霖
单宁宁　董青圆　郭　岩　易华清　张　义　石　悦
赵国利　赵　雪　谢　明

摄　影：高宏颖　范怀良　张　岩　聂岩秋　刘贺军　李庆玺
刘学忠　闫　军　王尧天

前言

湿地是水陆相互作用形成的特殊自然综合体，在应对气候变化、促进经济社会可持续发展中发挥着十分重要的作用，是人类赖以生存和发展的重要保障之一。湿地公园是以湿地景观和生物多样性保护为主体，以保护湿地生态系统完整性和维持湿地生态系统服务功能为核心，推行“在保护中利用，在利用中保护”的科学理念，可供公众旅游观光、休闲娱乐或进行科学、文化和教育活动，并予以特殊保护和管理的特定区域。

北戴河国家湿地公园坐落于渤海之滨，是依托新河水资源及沿海15000亩（1亩=1/15hm^2）防护林建设的滨海湿地公园，公园内河流、湖泊、沼泽、洼地和林地相互交织，形成独特的湿地生态景观。2015年12月，北戴河国家湿地公园（试点）通过了国家林业局验收，成为河北省继坝上闪电河国家湿地公园之后的第二处正式挂牌的国家湿地公园。建设后的北戴河国家湿地公园由合理利用区、恢复重建区、宣教展示区、生态保育区和管理服务区5个功能区组成，总占地面积306.7hm^2，其中，湿地面积165.67hm^2。

鸟类是湿地生物多样性的重要组成部分，对维持湿地生态系统的动态平衡具有重要意义。鸟类作为主要顶级消费者，对湿地环境的变化较为敏感，其群落组成、种群数量和多样性的变化是湿地生态质量监测和评价的重要指标，也是制订生态环境保护管理计划的重要科学依据。近年来，秦皇岛市通过深入实施绿色发展战略，大力推进生态文明建设，倡导人与自然和谐相处的核心价值观，积极践行“绿水青山就是金山银山”理念，在北戴河湿地的保护与修复方面开展了大量卓有成效的工作，使园区生态环境得到了明显改善，这为鸟类迁徙提供了良好生境。为全面系统掌握北戴河国家湿地公园鸟类资源状况，促进园区的鸟类监测网络体系建设，更好地服务于河北北戴河滨海湿地生态系统国家定位观测研究站鸟类常规监测和园区科普宣教，为北戴河湿地生态质量监测和评价提供依据，受河北省秦皇岛生态环境监测中心项目“北戴河滨海湿地及周边海域生态状况监测”（YDZB-2023-0205）委托，通过网格调查和样线法，确定北戴河国家湿地公园共有鸟类19目62科177属345种。其中，国家一级保护鸟类14种，国家二级保护鸟类57种。基于以上调查结果，我们组织相关专家学者，将园区内调查的鸟类和拍摄的生态图片编辑成册。本书具有科学性、系统性和实用性强的特点，可作为在北戴河国家湿地公园进行湿地植被恢复、鸟类监测、科普宣教、湿地生态质量评价工作的参考用书。

本书收录北戴河国家湿地公园鸟类生态照片共计400余张，每种鸟类配有1～3张能够反映其形态特征和野外生境的生态照片及简明的文字描述，便于识别和科普宣教。书后附有中文名和学名的索引，便于读者检索。书中所载鸟类名称依据《中国鸟类分类与分布名录》（第四版）、《中国鸟类野外手册》和《中国鸟类图志》，经过多次核对和校定，力求规范和准确。

本书在编写过程中，得到了河北省秦皇岛生态环境监测中心、河北北戴河国家湿地公园事务中心、河北北戴河滨海湿地生态系统国家定位观测研究站、河北大学生命科学学院等单位领导、同行的大力协助与支持，在此表示感谢。本书经全体作者多次讨论、修改和完善，但鉴于内容涉及面广，加之编者水平所限，书中难免会有疏漏或不足之处，敬请使用本书的专家学者、师生、鸟类爱好者以及其他读者批评指正。

编者

2023年11月

目录

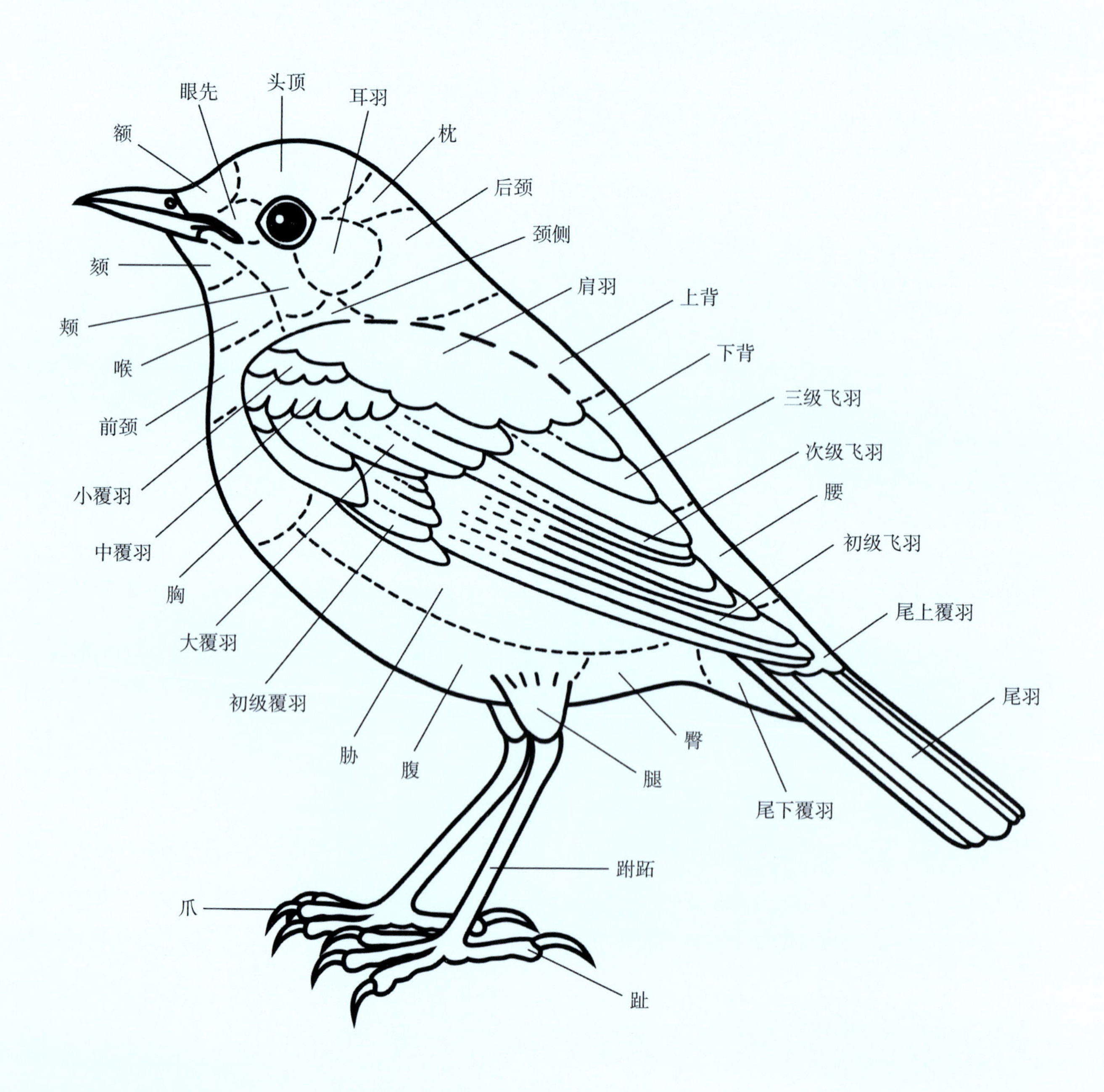
眼先
头顶
耳羽
额
枕
后颈
颈侧
颏
肩羽
颊
上背
喉
下背
前颈
三级飞羽
次级飞羽
小覆羽
腰
中覆羽
初级飞羽
胸
尾上覆羽
大覆羽
尾羽
初级覆羽
臀
胁
腿
腹
尾下覆羽
跗跖
爪
趾

001 环颈雉
Phasianus colchicus

鸡形目 Galliformes	雉科 Phasianidae	雉属 *Phasianus*	河北亚种 *karpowi*
别称：野鸡、山鸡、雉鸡、七彩鸡、雟雟		英文名：Common Pheasant	

【形态特征】体长：雄鸟726～868mm，雌鸟490～612mm。体形略小于家鸡；尾羽却很长。雄鸟羽色华丽，以红色、黄色、栗色为主，颈部具绿色金属光泽且有白环，尾羽具横斑；喙淡黄色，虹膜棕褐色；脚灰色。雌鸟较小，体色暗淡，以褐色为主。

【生活习性】食性杂，可取食野生植物的种子、嫩芽、果实、麦芽、谷物、豆类，昆虫及其幼虫等。脚强健，善于奔走。飞行距离短，不过飞行很有力。

【生　　境】见于草地、山林、灌丛、农田、沙漠和绿洲等生境，可见于沿海至海拔3000m高山生境。

【分　　布】国内除羌塘高原、海南岛外，均有分布。

【鸣　　声】叫声似“ke-duo-luo”或“ge-ke-ge”。互相呼唤时，常发出悦耳的低叫声。

【受威胁和保护等级】LC无危（IUCN，2018）；LC无危（中国生物多样性红色名录——脊椎动物卷，2020）；中国三有保护鸟类。

002 鹌鹑

Coturnix japonica

鸡形目 Galliformes	雉科 Phasianidae	鹌鹑属 *Coturnix*
别称：赤喉鹑、红面鹌鹑	英文名：Japanese Quail	

【形态特征】体长：雄鸟154～199mm，雌鸟147～200mm。翅尖长，尾短。上体草黄色，具不规则斑纹；下体灰白色；脸栗褐色，喙灰色，虹膜红褐色；脚肉棕色。

【生活习性】主要取食植物，如草籽、豆类、谷粒、浆果、幼芽和嫩叶等，有时取食昆虫和其他无脊椎动物。性隐蔽，可在草中潜行。繁殖季节，多成对出现；迁徙时，多集群，夜晚活动。雄鸟好斗。

【生　　境】喜栖息于干燥而近水的高地、农田、草地等。

【分　　布】国内繁殖于东北及新疆地区，迁徙时遍布全国。

【鸣　　声】声短促，似“guk-krr”声。

【受威胁和保护等级】NT近危（IUCN，2016）；LC无危（中国生物多样性红色名录——脊椎动物卷，2020）；中国三有保护鸟类。

003 石鸡 *Alectoris chukar*

鸡形目 Galliformes	雉科 Phasianidae	石鸡属 *Alectoris*

别称：嘎嘎鸡、红腿鸡、朵拉鸡　　英文名：Chukar Partridge

【形态特征】体长：雄鸟292～370mm，雌鸟270～362mm。上背部紫棕褐色，下背部至尾上覆羽灰橄榄色；脸侧面和喉部有黑色领圈，喙红色，虹膜褐色；脚红色；两胁各有十余条黑栗色横斑。

【生活习性】杂食性，主要取食野生植物种子、嫩枝、浆果、谷物、苔藓、地衣和昆虫等。飞行力强且迅速，但不能持久。集群活动。

【生　　境】栖居于开阔山区、荒漠、山地等。

【分　　布】国内见于西北、东北和华北等地。

【鸣　　声】叫声单调、响亮，"ga，ga-ga，ga，ga-ga"或"ga，ga，ga，ga，ga，ge-la，ga，ga-la"，开始缓慢，逐渐加速，重复多次，故名"嘎嘎鸡"。

【受威胁和保护等级】LC无危（IUCN，2018）；LC无危（中国生物多样性红色名录——脊椎动物卷，2020）；中国三有保护鸟类；河北省重点保护鸟类。

004 疣鼻天鹅 *Cygnus olor*

雁形目 Anseriformes	鸭科 Anatidae	天鹅属 *Cygnus*
别称：哑天鹅、赤嘴天鹅、白鹅	英文名：Mute Swan	

【形态特征】体长：雄鸟1413～1550mm，雌鸟1300～1450mm。体大型，全身雪白；喙橘红，虹膜褐色；脚黑色。雄鸟前额具明显黑色疣状突，雌鸟无疣状突或较小。

【生活习性】主要取食水生植物。性机警，起飞需较长距离助跑，振翅声音明显，游泳时颈部常呈“S”形，双翅拱起，有别于其他天鹅。以家庭为单位活动，安静优雅。

【生　　境】常栖息于水草丰富的湖泊、水塘和沼泽等水域。

【分　　布】国内繁殖于西北地区中部和北部、青藏高原东缘、东北西部；迁徙经过华北、华东，偶至东南沿海及台湾；越冬于黄河三角洲至长江中、下游流域。

【鸣　　声】很少发声，鸣声沙哑低沉，似“koup-koup”，故有哑天鹅之称。

【受威胁和保护等级】LC无危（IUCN，2016）；NT近危（中国生物多样性红色名录——脊椎动物卷，2020）；国家二级重点保护野生动物。

005 大天鹅 *Cygnus cygnus*

雁形目 Anseriformes	鸭科 Anatidae	天鹅属 *Cygnus*
别称：鹄、咳声天鹅、白鹅	英文名：Whooper Swan	

【形态特征】体长：雄鸟1210～1630mm，雌鸟1420～1480mm。体大型，全身雪白，颈长。喙黑色，具向喙端伸延的三角形大块黄斑；脚黑色；虹膜褐色。

【生活习性】主要取食水生植物的种子、茎和叶，少量取食软体动物、水生昆虫和蚯蚓等。一般成对活动，南迁时呈"一"或"人"字形。

【生　　境】常栖居于水生植物丰富的湖泊、池塘和水库等开阔水域。

【分　　布】国内繁殖于新疆、内蒙古和东北，越冬于黄河三角洲至山东半岛，华中及东南沿海。

【鸣　　声】鸣声响亮，频繁发出"ho-ho"或"houk"声。

【受威胁和保护等级】LC无危（IUCN，2016）；NT近危（中国生物多样性红色名录——脊椎动物卷，2020）；国家二级重点保护野生动物。

006 小天鹅
Cygnus columbianus

雁形目 Anseriformes	鸭科 Anatidae	天鹅属 *Cygnus*
别称：短嘴天鹅、白鹅、食鹅	英文名：Tundra Swan	

【形态特征】体长：雄鸟 1130～1300mm，雌鸟 1100～1130mm。体中型，全身雪白，与大天鹅极相似，颈和喙略短。喙端部黑色，基部具小块黄斑，且不超过鼻孔；脚黑色，虹膜褐色。

【生活习性】主要取食水生植物的根、茎和种子，少量取食水生昆虫和螺类等。性活泼，行动机警。家族活动紧密，可聚集成更大群体，与其他雁类混群。

【生　　境】常集群于水草丰富的湖泊、水库和池塘等宽阔水域。

【分　　布】国内越冬于长江流域及东南沿海。繁殖于全北界；越冬于中纬度地区。

【鸣　　声】结群时常发出“kouk-kouk”的清脆叫声，音调较高。

【受威胁和保护等级】LC 无危（IUCN，2018）；NT 近危（中国生物多样性红色名录——脊椎动物卷，2020）；国家二级重点保护野生动物。

007 黑雁 *Branta bernicla*

雁形目 Anseriformes	鸭科 Anatidae	黑雁属 *Branta*
别称：黑鹅	英文名：Brant Goose	

【形态特征】体长：雄鸟580～880mm，雌鸟560～860mm。小型，雌雄相似。全身以黑色为主，头全黑，仅上颈具白环；翼具白色横纹；两肋及下腹染白；尾下覆羽白色；喙黑色；虹膜黑褐色；脚灰黑色。

【生活习性】主要取食植物性食物。性活泼，喜集群，多与大型鸭类混群。飞行时振翅迅速。

【生　　境】喜栖息于海岸边、河口或陡峭的河岸处。冬季栖息于多水生植物的沿海区域，取食于沿海沼泽地带和海滩。

【分　　布】国内迁徙经过或越冬于东北和东部的渤海及黄海沿海，南至福建沿海和台湾。繁殖于全北界的北极圈以北和北冰洋沿岸及附近岛屿，越冬于北半球中北部沿海及河口地带。

【鸣　　声】嘈杂的“raunk-raunk”声。

【受威胁和保护等级】LC无危（IUCN，2020）；NT近危（中国生物多样性红色名录——脊椎动物卷，2020），中国三有保护鸟类。

008 灰雁
Anser anser

雁形目 Anseriforme	鸭科 Anatidae	雁属 *Anser*
别称：大雁、沙鹅、灰腰雁、红嘴雁、沙雁、黄嘴灰鹅		英文名：Greylag Goose

【形态特征】体长：雄鸟790～880mm，雌鸟700～860mm。体中型，全身灰褐色，具白色和黑褐色细纹。上体灰褐色，下体污白色，杂以暗褐色小斑块；尾上覆羽白色；虹膜黑褐色；喙肉红色，繁殖期粉红色；脚粉红色，粉红色的喙和脚易区别于其他类似种。

【生活习性】主要取食野草和种子，兼食小虾、螺和鞘翅目昆虫，多白天觅食，站在浅水中或于水中倒立取食，较少在陆上觅食。喜集群活动。

【生　　境】繁殖于大面积沼泽或芦苇茂盛的湖泊；越冬于开阔水库、河流、沼泽和农田等水域，与其他雁类混群。

【分　　布】国内繁殖于北方大部地区，越冬于南方适宜水域。

【鸣　　声】深沉，似鹅叫，“ahng-ung-ung”声。

【受威胁和保护等级】LC无危（IUCN，2018）；LC无危（中国生物多样性红色名录——脊椎动物卷，2020），河北省重点保护鸟类。

009 鸿雁 *Anser cygnoides*

雁形目 Anseriformes	鸭科 Anatidae	雁属 *Anser*

别称：原鹅、大雁、洪雁、冠雁、随鹅、黑嘴雁、沙雁　　英文名：Swan Goose

【形态特征】体长：雄鸟800～930mm，雌鸟625～850mm。大型游禽，全身黑色；喙黑色，虹膜淡黄色；脚橙黄或橙红。喙长，上喙与头顶成直线形，喙与额基之间有一棕白色细纹。头顶、后颈至上背棕褐色，下颊和前颈近白色。飞行时可见胁部浅褐色而具白色横纹，尾下覆羽白色。

【生活习性】植食。好结群，迁徙时，常排成“一”或“人”字形，飞行速度缓慢。

【生　　境】常栖息于沼泽、湖泊、河口等水域，有时在山区、平原和海湾等处活动。

【分　　布】国内主要繁殖于黑龙江、内蒙古，越冬于长江中、下游，至东南沿海，罕见于台湾越冬。

【鸣　　声】叫声拖长、洪亮，“gaa”声或“gang-gang”声，似家鹅。

【受威胁和保护等级】EN濒危（IUCN，2016）；VU易危（中国生物多样性红色名录——脊椎动物卷，2020）；国家二级重点保护野生动物。

010 豆雁 *Anser fabalis*

雁形目 Anseriformes	鸭科 Anatidae	雁属 *Anser*

别称：大雁、东方豆雁、西伯利亚豆雁、麦鹅　　英文名：Taiga Bean Goose

【形态特征】体长：雄鸟718～802mm，雌鸟695～792mm。体大型，如家鹅。雌雄相似。通体灰褐，两胁具黑白色条纹；腰和尾下覆羽白色，喉和胸腹颜色较浅；喙黑褐，具橘黄色次端带。虹膜红褐色；脚橙红色。

【生活习性】喜集群活动，多与其他雁类混群，取食习性似鸿雁。飞行时，呈“一”字形，缓慢前进。

【生　　境】栖于江河、湖泊、海岸、农田、河流沼泽等水域。

【分　　布】国内繁殖于东北北部，迁徙时经过东北、华北、华中大部，越冬于新疆、黄河及洞庭湖以南。

【鸣　　声】典型的“kang-kung”的雁叫声。

【受威胁和保护等级】LC无危（IUCN，2018）；LC无危（中国生物多样性红色名录——脊椎动物卷，2020）；中国三有保护鸟类；河北省重点保护鸟类。

011 短嘴豆雁
Anser serrirostris

雁形目 Anseriformes	鸭科 Anatidae	雁属 *Anser*

别称：大雁　　英文名：Tundra Bean Goose

【形态特征】体长：雄鸟718～780mm，雌鸟700～750mm。体型较豆雁小，颈粗短，喙短（70mm以下），头颈轮廓似麻鸭。喙黑色，喙基厚实，具看似扩散的较宽的黄色次端带；虹膜褐色；脚橙黄色。

【生活习性】常集成大群，甚至可达数万只，也会与灰雁、白额雁等混群，生性谨慎，更容易被惊飞。

【生　　境】喜结群栖于农田、河流、沼泽等水域，与其他雁类混群。繁殖于苔原地带，越冬于农田、浅水湖泊、沼泽等处，更偏好于选择稻田、草滩等处。

【分　　布】我国东部最常见的雁类，除西南和青藏高原外，全国均有分布，主要越冬于长江流域和东南沿海地区。

【鸣　　声】鸣声似豆雁。

【受威胁和保护等级】LC无危（IUCN，2017）；LC无危（中国生物多样性红色名录——脊椎动物卷，2020）；中国三有保护鸟类；河北省重点保护鸟类。

012 白额雁 *Anser albifrons*

雁形目 Anseriformes	鸭科 Anatidae	雁属 *Anser*

别称：大雁、花斑、明斑、鸿大雁　　英文名：Greater White-fronted Goose

【形态特征】体长：雄鸟645～765mm，雌鸟620～770mm。体中型，雌雄相似。全身棕褐色，有黑白横斑，下体白色，杂以黑色不规则的块斑；喙粉红色，喙基至前额白色不延伸到额上。

【生活习性】主要取食各种湖草，有时取食谷类、种子、茭白根茎及各种小秋作物的幼叶、嫩芽等。飞行敏捷、灵活，多在夜间进行迁移。

【生　　境】喜生于水草区域，常与其他雁类混群。

【分　　布】国内迁徙时见于东北至西南大部分适宜水域，越冬于长江中下游和东南沿海及台湾。

【鸣　　声】经常鸣叫，飞行时发出音调较高的“kyew-kyew”声。

【受威胁和保护等级】LC无危（IUCN，2022）；NT近危（中国生物多样性红色名录——脊椎动物卷，2020）；国家二级重点保护野生动物。

013 小白额雁
Anser erythropus

雁形目 Anseriformes	鸭科 Anatidae	雁属 *Anser*
别称：弱雁	英文名：Lesser White-fronted Goose	

【形态特征】体长：雄鸟443mm～600mm，雌鸟560～596mm。体棕褐色，雌雄相似，较白额雁小，形态与之相似，喙较短，颈较短，白色额部与头部比例更大，具明显金色眼圈。喙粉红色，喙基白色向额部有延伸；虹膜黑褐色，脚橘红色。

【生活习性】食性与白额雁相似。喜结群活动。

【生　　境】喜多水草地域。冬季多于开阔盐碱平原、半干旱草原、沼泽、水库、湖泊、河流、农田等地活动。

【分　　布】国内迁徙时见于东北、华北、华中及华东地区，越冬于长江中下游区华南水域。

【鸣　　声】飞行时发出重复的“kyu-yu-yu”声，叫声比白额雁尖锐且快。

【受威胁和保护等级】VU易危（IUCN，2018）；VU易危（中国生物多样性红色名录——脊椎动物卷，2020）；国家二级重点保护野生动物。

014 长尾鸭
Clangula hyemalis

雁形目 Anseriformes	鸭科 Anatidae	长尾鸭属 *Clangnla*
别称：冰凫	英文名：Long-tailed Duck	

【形态特征】体长：雄鸟534～580mm，雌鸟380～385mm。雄鸟头顶、喉、颈、腹白色，喙黑铅色，虹膜褐色，头部具大块黑斑；胸部黑色；脚灰色；肩羽灰白色；其余体羽褐色，中央尾羽特别细长（繁殖季）；围眼区和腹部为白色，其余褐色（夏季）。雌鸟上体淡褐色，杂以灰色羽，下体纯白色，尾羽相对较短。

【生活习性】主要取食软体动物、甲壳类、小鱼及昆虫等，也会取食植物性食物。与其他鸭类不同，大多栖息在寒冷、开阔、波涛汹涌的海洋上。喜结群，善于游泳和潜水，潜水较深且时间较长。

【生　　境】栖息于沿海浅水区，少见于淡水中。

【分　　布】国内主要越冬于渤海、黄海和东海水域。

【鸣　　声】雄鸟炫耀时叫声嘈杂，发出“ow-ow-ow-leecaloo caloo”大叫；雌鸟“gua-gua”声，多变低弱。

【受威胁和保护等级】VU易危（IUCN，2018）；EN濒危（中国生物多样性红色名录——脊椎动物卷，2020）；河北省重点保护鸟类。

015 斑脸海番鸭 *Melanitta stejnegeri*

雁形目 Anseriformes	鸭科 Anatidae	海番鸭属 *Melanitta*
别称：奇嘴鸭、海番鸭	英文名：White-winged Scoter	

【形态特征】体长：雄鸟500～610mm，雌鸟480～550mm。体形似绿头鸭。雄鸟全身黑色，眼下方和后方有明显白斑，喙黑色、端部带黄色，基部有黑色疣突，端部有粉色疣突；虹膜褐色；脚红色。雌鸟烟褐色，次级飞羽白色。

【生活习性】主要潜入深水捕食贝类动物，少量取食绿色植物。内陆繁殖，沿海越冬，冬季一般单独活动。

【生　　境】冬季栖息于沿海海滩，春夏季到内陆河湖间，繁殖期在湖沼地区营巢。

【分　　布】国内繁殖于新疆和内蒙古，迁徙经东北地区；东北、西北地区为旅鸟，越冬于东部和东南沿海及长江中下游湖泊。

【鸣　　声】雄鸟求偶时大声尖叫，雌鸟为粗重的“karrr”声。

【受威胁和保护等级】VU易危（IUCN，2020）；NT近危（中国生物多样性红色名录——脊椎动物卷，2020）；中国三有保护鸟类；河北省重点保护鸟类。

016 鹊鸭 *Bucephala clangula*

雁形目 Anseriformes	鸭科 Anatidae	鹊鸭属 *Bucephala*
别称：喜鹊鸭、金眼鸭、白脸鸭	英文名：Common Goldeneye	

【形态特征】体长：雄鸟420～600mm，雌鸟330～435mm。中型鸭，雌雄异色，喙短、颈短、尾羽尖。雄鸭头黑色，具金属光泽；喙黑色，喙基部具大块白色圆斑；上体黑色，下颈及胸白色，外侧肩羽白色；下体白色；虹膜黄色；脚黄色。雌鸭略小，头、颈暗褐色；颈基部具白色圆环；喙黑褐色，尖端黄色；脚橘红色。

【生活习性】越冬期主要取食蛤类。白天多漂游于海面，不靠近岸边，晚间群游至潮间带的养殖区取食。多集群，一般群栖数量10只以上。性机警；善游泳，潜水觅食。

【生　　境】冬季多集群于海岸、水塘、河口。

【分　　布】国内除海南外均有分布；繁殖于新疆北部、东北北部，迁徙时经过东北、西北、华北及以南地区，越冬于华北沿海一带及以南地区，偶见于台湾。

【鸣　　声】繁殖期发出粗哑的“graa”声；冬季相当安静。

【受威胁和保护等级】LC无危（IUCN，2018）；LC无危（中国生物多样性红色名录——脊椎动物卷，2020）；中国三有保护鸟类；河北省重点保护鸟类。

017 斑头秋沙鸭
Mergellus albellus

雁形目 Anseriformes	鸭科 Anatidae	斑头秋沙鸭属 *Mergellus*
别称：白秋沙鸭、熊猫鸭、小秋沙鸭、花头锯嘴鸭		英文名：Smew

【形态特征】体长：雄鸟420～440mm，雌鸟340～450mm。小型鸭，体态优雅，雄鸟体羽白色，眼罩、枕、上背部黑色；喙黑色，虹膜褐色；脚灰色。雌鸟上体灰色，有两道白色翼斑，头顶至颈部栗褐色，眼周近黑色，下体白色。

【生活习性】潜水觅食。结小群越冬于开阔水域，繁殖于树洞及沼泽区域。

【生　　境】繁殖期喜居于低地河域森林，非繁殖期喜居于海岸、湖泊、河口。

【分　　布】国内分布广泛，繁殖于东北地区，冬季南迁，罕见于台湾。

【鸣　　声】繁殖期雄鸟发出低沉的“gua，gua”声或啸音，雌鸟则发出低沉的喉音。冬季相当安静。

【受威胁和保护等级】LC无危（IUCN，2016）；NT近危（中国生物多样性红色名录——脊椎动物卷，2020）；国家二级重点保护野生动物。

018 普通秋沙鸭 *Mergus merganser*

雁形目 Anseriformes	鸭科 Anatidae	秋沙鸭属 *Mergus*
别称：大锯嘴鸭子、拉他鸭子、鱼钻子、潜水鹅、尖嘴鸭		英文名：Common Merganser

【形态特征】体长：雄鸟630～680mm，雌鸟540～650mm。秋沙鸭属中最大的一种，雄鸟头、背部墨绿色，颈部、胸部和腹部白色；喙红色、较大较厚，虹膜褐色；脚红色。雌鸟上体深灰色、下体浅灰色。

【生活习性】主要在水里追捕取食鱼类等。飞行很有力，起飞时两翅发出啸声。陆地行走很容易。游泳时常把脸和喙淹没在水中。

【生　　境】繁殖期喜栖于低地河域森林的树洞中，非繁殖期喜栖于海岸、湖泊和河口等地。

【分　　布】国内繁殖于黑龙江、新疆、青海及西藏南部地区；迁徙和越冬于国内大部地区。

【鸣　　声】繁殖期发尖厉哨音或粗哑喉音，冬季安静。

【受威胁和保护等级】LC无危（IUCN，2018）；LC无危（中国生物多样性红色名录——脊椎动物卷，2020）；中国三有保护鸟类；河北省重点保护鸟类。

019 红胸秋沙鸭 *Mergus serrator*

雁形目 Anseriformes	鸭科 Anatidae	秋沙鸭属 *Mergus*
别称：海鸥、尖嘴鸭	英文名：Red-breasted Merganser	

【形态特征】体长：雄鸟588～598mm，雌鸟530～575mm。枕部具长而尖的丝状冠羽；雄鸟黑白色，胸部棕色，具深色条纹；喙红色，虹膜红色；脚橘黄色。雌鸟暗褐色，头部暗棕色，到颈部渐变为灰白色。

【生活习性】主要取食鱼类、水生昆虫、甲壳动物及其他小动物，少量取食植物性物质。性机敏。陆地上容易行走。游泳时，常淹没半个头，探视水中食物。

【生　　境】栖居于沿海入海口、海湾，繁殖于无林地的苔原地带（与其他秋沙鸭不同）。

【分　　布】国内繁殖于黑龙江北部；迁徙经过西北、至东北大部，越冬于东南沿海。

【鸣　　声】繁殖期雄鸟“hu-hu”声响亮，雌鸟发出粗鲁的“Hu-Hu”声。其他时间很少鸣叫。

【受威胁和保护等级】LC无危（IUCN，2018）；LC无危（中国生物多样性红色名录——脊椎动物卷，2020）；中国三有保护鸟类；河北省重点保护鸟类。

020 丑鸭 *Histrionicus histrionicus*

雁形目 Anseriformes	鸭科 Anatidae	丑鸭属 *Histrionicus*
别称：晨凫	英文名：Harlequin Duck	

【形态特征】体长：雄鸟330～540mm，雌鸟400～500mm。小型海鸭，大小似罗纹鸭，羽色独特，雄鸟通体青色，两胁棕红色，基到前额具大块白斑，耳部具圆形白斑，喙铅灰色，虹膜暗褐色；脚黑色。雌鸟体形略小，暗褐色，头和颈部两侧各有2块白色斑纹。

【生活习性】主要取食昆虫、甲壳动物、软体动物和其他小动物，也食少量植物性食物。善潜水，休憩时多停栖于陆地和岩石上，较少和其他鸭类混群。飞行迅速，常集成小群，迁徙时，集合成大群。

【生　　境】繁殖于山间溪流，隐蔽在岩石和灌丛间的深凹处，越冬于多岩石的沿海水域。

【分　　布】国内罕见，东北长白山地区有繁殖记录，河北、山东沿海有罕见越冬记录。

【鸣　　声】平时发出典型鸭类的“ga-ga”叫声，繁殖时发“hig-hig”声。

【受威胁和保护等级】LC无危（IUCN，2012）；LC无危（中国生物多样性红色名录——脊椎动物卷，2020）；河北省重点保护鸟类。

021 翘鼻麻鸭
Tadorna tadorna

雁形目 Anseriformes	鸭科 Anatidae	麻鸭属 *Tadorna*
别称：翘鼻鸭、冠鸭、潦鸭、掘穴鸭、白鸭	英文名：Common Shelduck	

【形态特征】体长：雄鸟543～630mm，雌鸟520～590mm。体型较大；全身以白色为主，头、颈、两翅黑色且泛绿色光泽，前额隆起红色肉瘤，喙红色、上翘，虹膜深褐色；上背部至胸部具一条栗棕色环带；脚红色。繁殖期，雄鸟喙基部具有大形皮质瘤，易于识别。

【生活习性】杂食，主要取食海水中的甲壳、软体等无脊椎动物，也取食植物叶片、种子及藻类等。性机警。健走善游，能潜水。冬季多结成数十只至数百只的大群。有掘土营巢的习惯，故也“掘穴鸭”。

【生　　境】生境多样，喜安静且食料丰富的海岸、河域、沼泽等地，海拔差度较大。

【分　　布】国内繁殖于东北、华北和西北，主要越冬于长江以南，偶见于台湾。

【鸣　　声】鸣声粗涩，似“kao-r，kao-r”；雄鸟叫声低沉，雌鸟则多音节连续鸣叫。

【受威胁和保护等级】LC无危（IUCN，2019）；LC无危（中国生物多样性红色名录——脊椎动物卷，2020）；中国三有保护鸟类；河北省重点保护鸟类。

022 赤麻鸭 *Tadorna ferruginea*

雁形目 Anseriformes	鸭科 Anatidae	麻鸭属 *Tadorna*
别称：黄鸭、黄凫、渎凫、红雁	英文名：Ruddy Shelduck	

【形态特征】体长：雄鸟516～670mm，雌鸟510～680mm。体型较大，通体黄褐色。雌雄基本相似，雄鸟具黑色颈环，雌鸟无；翼上具大块白斑，翼镜铜绿色；喙黑色，虹膜黑褐色；脚黑色。

【生活习性】性机警。飞行时成直排或横排。

【生　　境】生境多样，栖息于开阔的水塘间、海岸、河域、沼泽等。

【分　　布】国内除海南外，广泛分布。

【鸣　　声】边飞边叫，声粗犷，似“wua-wua”，前低后高。

【受威胁和保护等级】LC无危（IUCN，2016）；LC无危（中国生物多样性红色名录——脊椎动物卷，2020）；中国三有保护鸟类。

023 鸳鸯 *Aix galericulata*

雁形目 Anseriformes	鸭科 Anatidae	鸳鸯属 *Aix*
别称：匹鸟、官鸭	英文名：Mandarin Duck	

【形态特征】体长：雄鸟400～430mm，雌鸟385～450mm。中型鸭类，雌雄异色，羽色华丽。雄鸟头具橙色至绿色羽冠，眼后具宽阔的白色眉纹，喙红色；胸部紫色，胸腹部至尾下覆羽白色，胁部浅棕色；翅上有一对非常明显的栗黄色扇状直立羽；虹膜褐色；脚橙黄色。雌鸟的头与背均灰褐色，无羽冠和扇状直立羽；喙灰褐色或粉红色；脚灰绿色。

【生活习性】食性杂，迁徙时以植物性食物为主，兼食少量的鱼、蛙；繁殖期以昆虫、鱼类为主。集小群活动。通常不潜水，在陆上活动。性机警，遇惊立即起飞，边飞边叫。

【生　　境】常栖息于阔叶林和针阔混交林的沼泽、芦苇塘及湖泊等地，也见于水浸没的草原、田地等。

【分　　布】分布于东亚。国内繁殖于东北、华北、西南以及台湾，迁徙时见于华中和华东大部，越冬于华北及长江流域、华南、西南地区。

【鸣　　声】鸣声短促、响亮，发出“weee-weee”的声音。

【受威胁和保护等级】LC无危（IUCN，2018）；NT近危（中国生物多样性红色名录——脊椎动物卷，2020）；国家二级重点保护野生动物。

024 红头潜鸭 *Aythya ferina*

雁形目 Anseriformes	鸭科 Anatidae	潜鸭属 *Aythya*
别称：红头鸭、矶凫	英文名：Common Pochard	

【形态特征】体长：雄鸟415～484mm，雌鸟440～500mm。雄鸟头和颈部栗红色，胸部和上背部黑色，下背部与两肩灰色，杂以波状黑斑；翼镜灰色；喙灰黑色，尖端黑色，虹膜红色；脚黑色。雌鸟全身棕褐色；虹膜灰褐色。

【生活习性】主食水藻、水生植物的叶、茎、根和种子等；动物性食物主要有软体动物、鱼、蛙等。善于潜水。飞行迅速，陆地上行走比较困难。非繁殖期常集大群，有时与凤头潜鸭混群。

【生　　境】栖居于河流沼泽、湖泊和入海口等开阔水面。

【分　　布】国内繁殖于新疆及东北；迁徙时见于西部、中部、东北和华北大部；越冬于黄河、长江以南；偶见于台湾。

【鸣　　声】雄鸟发出喘息似的二哨音。雌鸟受惊时发出粗哑的“krrr”大叫。

【受威胁和保护等级】VU易危（IUCN，2021）；LC无危（中国生物多样性红色名录——脊椎动物卷，2020）；中国三有保护鸟类。

025 白眼潜鸭 *Aythya nyroca*

雁形目 Anseriformes	鸭科 Anatidae	潜鸭属 *Aythya*
别称：白眼凫	英文名：Ferruginous Pochard	

【形态特征】体长：雄鸟370～430mm，雌鸟330～410mm。雄鸟除尾下覆羽、下腹部、翼镜外均为栗褐色，尾下覆羽白色，在野外观察时特别明显；喙灰黑色，虹膜乳白色；脚黑色。雌鸟头、颈部棕褐色，后颈部褐色较深；虹膜黑褐色。

【生活习性】杂食性，以球茎、嫩枝等植物性食物为主，兼食甲壳、软体动物等动物性食物。晨昏常在浅水池中觅食。善于潜水，但水下停留时间不长。

【生　　境】常在芦苇较多的湖泊、沼泽和河流附近活动。

【分　　布】国内繁殖于西北部和西部；越冬于南方大部。

【鸣　　声】雄鸟叫声似哮喘声，雌鸟叫声更粗些。

【受威胁和保护等级】NT近危（IUCN，2019）；NT近危（中国生物多样性红色名录——脊椎动物卷，2020）；中国三有保护鸟类；河北省重点保护鸟类。

026 凤头潜鸭
Aythya fuligula

雁形目 Anseriformes	鸭科 Anatidae	潜鸭属 *Aythya*
别称：泽凫、凤头鸭子、黑头四鸭	英文名：Tufted Duck	

【形态特征】体长：雄鸟375～433mm，雌鸟340～490mm。雄鸟上体黑色，头部具长羽冠，翼镜、两胁和腹部白色；喙铅灰色、端部黑色，虹膜金黄色；脚铅灰色。雌鸟棕褐色。

【生活习性】以软体动物、虾蟹、小鱼等动物性食物为主，兼吃一些水生植物；善游泳和潜水；迁徙时常集成大群，有时与其他潜鸭混群。水面起飞较困难，陆地行走笨拙。

【生　　境】常活动于芦苇较多的湖泊、沼泽、河流及其他的开阔水面。

【分　　布】国内繁殖于东北北部；迁徙经过长江以北地区；越冬于长江以南；偶见于台湾。

【鸣　　声】叫声粗糙单调。飞行时发出沙哑、低沉的“kur-r-r，kur-r-r”叫声。冬季安静。

【受威胁和保护等级】LC无危（IUCN，2016）；LC无危（中国生物多样性红色名录——脊椎动物卷，2020）；中国三有保护鸟类。

027 白眉鸭
Spatula querquedula

雁形目 Anseriformes	鸭科 Anatidae	匙嘴鸭属 *Spatula*
别称：巡凫、小石鸭、溪的鸭	英文名：Garganey	

【形态特征】体长：雄鸟360～410mm，雌鸟320～380mm。体小型。雄鸟头至胸、上背棕褐色，宽阔白色眉纹明显，两胁灰白；两肩与翅显蓝灰色；翼镜灰褐闪绿色。雌鸟灰褐，头部具白眉纹和颊纹，翼镜似雄鸭，但绿色不显著；喙灰黑色，虹膜栗褐色；脚蓝灰色。

【生活习性】结群密集，常与其他水鸭混群，特别是与绿翅鸭。多在夜间觅食。飞行迅速，迁徙期间常吃水藻和种子等植物性食物，也兼吃稻谷和小麦。

【生　　境】喜各种类型池塘、鱼塘、潟湖和沿海浅滩等。

【分　　布】全国常见，国内繁殖于西北和东北地区，越冬于华南和东南沿海，包括台湾和海南；迁徙时经过除西藏和青海的大部分地区。

【鸣　　声】叫声似“quak”或“kuak”，但很少鸣叫。

【受威胁和保护等级】LC无危（IUCN，2016）；LC无危（中国生物多样性红色名录——脊椎动物卷，2020）；中国三有保护鸟类；河北省重点保护鸟类。

028 琵嘴鸭 *Spatula clypeata*

雁形目 Anseriformes	鸭科 Anatidae	琵嘴鸭属 *Spatula*

别称：广味凫、琵琶嘴鸭、铲土鸭、杯凿　　英文名：Northern Shoveler

【形态特征】体长：雄鸟 467～620mm，雌鸟 435～630mm。通体黄褐色。雌、雄喙大而长，先端有铲形扩大部，易与其他鸭类区别。雄鸟头和颈黑褐，两侧闪着金属蓝绿色；胸至上背两侧以及外侧肩羽纯白；翼镜金属绿色；腹栗色；脚橙红色。雄鸟上喙黑褐色，虹膜金黄色。雌鸟上喙黄褐色，虹膜淡褐色。

【生活习性】常在池湖近岸泥土及缓慢河流的沙滩用铲形喙掘沙泥寻取食物，或在水面捞食，主要觅食水生动物及种子等。常与其他鸭类混群，在野外不易发现。飞行能力不强，游泳也不快，很少潜入水中。

【生　　境】生境多样。主要栖于开阔地区的湖泊、河流等处。

【分　　布】全国常见，繁殖于东北及西北；越冬于华南大部，包括海南和台湾；迁徙经过国内大部分地区。

【鸣　　声】雄性叫声柔和而单调，连鸣似“tuck - tuck”，雌性叫声似“quak”，但很少鸣叫。

【受威胁和保护等级】LC 无危（IUCN，2019）；LC 无危（中国生物多样性红色名录——脊椎动物卷，2020）；中国三有保护鸟类；河北省重点保护鸟类。

029 花脸鸭
Sibirionetta formosa

雁形目 Anseriformes	鸭科 Anatidae	花脸鸭属 *Sibirionetta*
别称：巴鸭、黑眶鸭、眼镜鸭、黄尖鸭、王鸭、晃鸭、元鸭		英文名：Baikal Teal

【形态特征】体长：雄鸟400～430mm，雌鸟378～423mm。体小型。雄鸟羽色翠丽，头部前半部黄，后半部墨绿，脸部由多种颜色组成；上体褐色，翼镜大都为金属铜绿色；下体白色，胸部散有黑斑如点滴状。雌鸟稍小，颜色暗褐，喙黑色，虹膜褐色；脚灰黑色。

【生活习性】食物种类比较广泛，在迁徙及越冬期，以植物为主食，有时还吃谷粒。常聚成小群，冬季集大群活动。

【生　　境】喜沿海浅滩、鱼塘、内陆河川和潟湖等，常与绿翅鸭等小型河鸭混群。

【分　　布】国内迁徙时经过东北和华中大部，越冬于华东、华中和华南，包括台湾和海南。

【鸣　　声】声音嘈杂，叫声洪亮而短，似“mog-mog”或“lok-lok”，很远即能听见。

【受威胁和保护等级】LC无危（IUCN，2016）；NT近危（中国生物多样性红色名录——脊椎动物卷，2020）；CITES附录II（2023）；国家二级重点保护野生动物。

030 罗纹鸭 *Mareca falcata*

雁形目 Anseriformes	鸭科 Anatidae	水鸭属 *Mareca*
别称：葭凫、罗文鸭、镰刀毛小鸭、镰刀鸭、扁头鸭、早鸭		英文名：Falcated Duck

【形态特征】体长：雄鸟460～515mm，雌鸟405～460mm。雄鸟头、脸、颈侧具铜绿色金属光泽；额基部有白斑，颏、喉、前颈白色，颈基部有一黑带；喙黑色，虹膜深褐色；上体灰白，杂以暗褐色波状细纹；翼镜墨绿色；三级飞羽长而曲似镰刀；下体白色具褐色斑；脚黑色。雌鸟略小，上体黑褐，满布淡棕红色“U”形斑纹；下体棕白色，具黑斑。

【生活习性】主要取食松藻、种子和水生植物等。飞行灵活迅速。迁徙时结成几只至十几只的小群。越冬时常与其他鸭类混成大群。

【生　　境】常活动于入海口、河流、沼泽等水域。

【分　　布】国内繁殖于东北北部和中部，迁徙经东北南部及华北东部，越冬于东部，自河北抵海南岛。

【鸣　　声】飞行时常伴随低弱带颤音的叫声，雌鸟常发出急促的“kuag-kuag”声。

【受威胁和保护等级】NT近危（IUCN，2016）；NT近危（中国生物多样性红色名录——脊椎动物卷，2020）；中国三有保护鸟类；河北省重点保护鸟类。

031 赤膀鸭
Mareca strepera

雁形目 Anseriformes	鸭科 Anatidae	水鸭属 *Mareca*
别称：溹凫、青边仔	英文名：Gadwall	

【形态特征】体长：雄鸟485～550mm，雌鸟440～520mm。体形较家鸭略小。通体灰色，有白色波状细纹；翼黑色具有红色斑块，翼镜白色，尾部黑色。雌鸟上体多暗褐，具棕白色斑纹；下体棕白色，多杂以褐色斑。喙雄黑色，雌黄色，虹膜褐色，脚棕黄或橙黄色。

【生活习性】性机警。植食为主。

【生　　境】集小群活动于淡水河流、湖泊和沼泽等水域，与其他鸭类混群。

【分　　布】国内常见，繁殖于东北和新疆，迁徙时经过华中和华东大部，越冬于长江以南，包括台湾和海南。

【鸣　　声】叫声响亮，“ga-ga-ga”声，似绿头鸭。

【受威胁和保护等级】LC无危（IUCN，2016）；LC无危（中国生物多样性红色名录——脊椎动物卷，2020）；中国三有保护鸟类。

032 赤颈鸭 *Mareca penelope*

雁形目 Anseriformes	鸭科 Anatidae	水鸭属 *Mareca*
别称：赤颈凫、鹅子鸭、红鸭	英文名：Eurasian Wigeon	

【形态特征】体长：雄鸟465～512mm，雌鸟415～440mm。雄鸟头、颈栗红色，顶部至前额浅黄色，其余体羽灰白色为主，杂以赭褐色波状细斑；翅上覆羽大都纯白色；翼镜翠绿色，前后都衬以绒黑色宽边；喙铅灰色，尖端黑色，虹膜黑褐色；脚黑色。雌鸟通体棕褐色，羽毛边缘较浅淡；翼镜暗灰褐色；两胁红棕色，下胸及腹纯白色。

【生活习性】越冬期主要取食植物性物质，包括茎、根等。迁徙时，常与其他鸭类混成大群，飞得快而有力，并发出响亮的叫声。不如其他鸭类机警，易于接近。

【生　　境】集小群活动于入海口、河流、沼泽等水域，与其他鸭类混群。

【分　　布】国内繁殖于东北和新疆北部，越冬于黄河以南，包括海南和台湾。

【鸣　　声】雄鸟叫声似“wei-wii”和“weiwo”，雌鸟叫声短且急促。

【受威胁和保护等级】LC无危（IUCN，2016）；LC无危（中国生物多样性红色名录——脊椎动物卷，2020）；中国三有保护鸟类；河北省重点保护鸟类。

033 斑嘴鸭
Anas zonorhyncha

雁形目 Anseriformes	鸭科 Anatidae	鸭属 *Anas*

别称：夏凫、谷鸭、火燎鸭、黄嘴尖鸭、败鸭、麻鸭、大乌毛
英文名：Chinese Spot-billed Duck

【形态特征】体长：雄鸟525～620mm，雌鸟500～630mm。大型鸭，雌雄羽色近似。身体羽毛多棕褐色，头和前颈色浅而具深色贯眼纹和下颊纹，头顶深褐色并有皮黄色眉纹；翼镜呈金属蓝绿光泽，并闪紫辉；喙黑灰色，端部黄色，故称斑喙鸭。虹膜褐色，脚橘红色。

【生活习性】杂食性，以植物为主，换羽区和越冬地常与绿头鸭混群。善游泳和潜水，常5～20只结群活动。

【生　　境】生境多样化，栖居于内陆的大小湖泊、河流、水库及沟渠的水面上，在沿海地带大多栖于岛屿或海岸的礁石上。

【分　　布】全国分布。

【鸣　　声】鸣声似“bai，bai-bai”，常依此而称其为“败鸭”。

【受威胁和保护等级】LC无危（IUCN，2018）；LC无危（中国生物多样性红色名录——脊椎动物卷，2020）；中国三有保护鸟类。

034 绿头鸭 *Anas platyrhynchos*

雁形目 Anseriformes	鸭科 Anatidae	鸭属 *Anas*
别称：大绿头、大红腿鸭、官鸭、对鸭、大麻鸭、青边		英文名：Mallard

【形态特征】体长：雄鸟540～615mm，雌鸟470～550mm。体大型。雄鸟头、颈墨绿色，具金属光泽，颈基有一条白色细环与栗色胸部相隔；其余体羽灰白色，翼镜蓝紫色，尾上黑色羽毛上卷；喙黄色，虹膜黑褐色；脚橘红色。雌鸟全身黄褐色，杂以褐色斑驳条纹。

【生活习性】杂食性，以野生植物的种子、芽、茎叶、谷物、藻类、软体动物和昆虫为食。冬季多集群活动。

【生　　境】生境多样，栖居于水生植物丰盛的湖泊、池沼，冬季在水库、江湾、河口等处也随时可见。

【分　　布】国内见于大部分地区。

【鸣　　声】鸣声响亮，似家鸭，雄鸟叫声似“jia-jia”，雌鸟声似“ga-ga”。

【受威胁和保护等级】LC无危（IUCN，2016）；LC无危（中国生物多样性红色名录——脊椎动物卷，2020）；中国三有保护鸟类。

035 针尾鸭 *Anas acuta*

雁形目 Anseriformes	鸭科 Anatidae	鸭属 *Anas*
别称：针尾凫、长尾凫、尖尾鸭、长闹、拖枪鸭、中鸭		英文名：Northern Pintail

【形态特征】体长：雄鸟535～710mm，雌鸟520～600mm。体大型，雄鸟头和后颈棕褐色，前颈沿至胸白色，两胁杂以灰色细纹，下腹白色，翼镜铜绿色，正中一对尾羽特别延长；雌鸟棕褐色，具鳞状斑，翼镜褐色。喙雄鸟蓝灰色、雌鸟黑色。虹膜黑褐，脚灰黑色。

【生活习性】集群，常混于别种鸭群中。机警怕人。翅强善飞，杂食，越冬期，植食为主；繁殖期，以动物性食物为主。

【生　　境】集小群活动于内陆河流、湖泊、草洼地和沼泽等水域，与其他鸭类混群。

【分　　布】国内繁殖于西北，迁徙经东部大部分地区，越冬于长江以南，包括海南和台湾。

【鸣　　声】雄鸟叫声很低弱，雌鸟常“kuaq-kuaq”地叫。

【受威胁和保护等级】LC无危（IUCN，2019）；LC无危（中国生物多样性红色名录——脊椎动物卷，2020）；中国三有保护鸟类；河北省重点保护鸟类。

036 绿翅鸭 *Anas crecca*

雁形目 Anseriformes	鸭科 Anatidae	鸭属 *Anas*
别称：小凫、小水鸭、小麻鸭、巴鸭、八鸭、小蚬鸭		英文名：Eurasian Teal

【形态特征】体长：雄鸟338～470mm，雌鸟305～440mm。体小型。翅具金属翠绿色翼镜，雄性特别鲜明。雄鸟头、颈深棕色，眼周至颈侧具1条带黄色边缘的黑绿色眼罩；肩羽具白色带纹，两胁有细纹。雌鸟通体灰褐，颜色较淡。喙灰黑色，虹膜褐色，脚黑色。

【生活习性】主要取食稻谷、草籽、螺蛳、软体小动物等，冬季主要植食，特别是水草、水藻等。常集群活动，与其他鸭类混群。飞行时振翅迅速，往往横列成直线或"V"字形向前急进。

【生　　境】生境多样，适合各类水域。冬季栖息于河流、水库、湖泊、水田、池塘、沼泽等多样水域。

【分　　布】国内分布于新疆和东北，越冬于黄河以南。

【鸣　　声】叫声尖锐，似"qir–rii"或"kriil"，冬季很少鸣叫。

【受威胁和保护等级】LC无危（IUCN，2020）；LC无危（中国生物多样性红色名录——脊椎动物卷，2020）；中国三有保护鸟类；河北省重点保护鸟类。

037 小䴙䴘 *Tachybaptus ruficollis*

䴙䴘目 Podicipediformes	䴙䴘科 Podicipedidae	小䴙䴘属 *Tachybaptus*
别称：水（札鸟）、油鸭、水葫芦、油葫芦、王八鸭子		英文名：Little Grebe

【形态特征】体长：雄鸟230～310mm，雌鸟220～270mm。上体、头顶黑褐色，颊、颈红栗色；下体灰白色；喙黑色，虹膜黄色；脚灰色。

【生活习性】主要取食昆虫，特别是水生昆虫及其幼虫，还会取食小虾、小鱼等。善于游泳和潜水，常潜水取食。脚弱，登陆时不能直立，状若坐在地面上。两翅短，不能久飞。冬季喜结群。

【生　　境】喜栖居于湖泊、水塘、沼泽、入海口等地。

【分　　布】国内广布。

【鸣　　声】发出“ke-ke-ke-ke”的鸣声。

【受威胁和保护等级】LC无危（IUCN，2016）；LC无危（中国生物多样性红色名录——脊椎动物卷，2020）；中国三有保护鸟类。

038 赤颈䴙䴘 *Podiceps grisegena*

䴙䴘目 Podicipediformes	䴙䴘科 Podicipedidae	䴙䴘属 *Podiceps*
别称：赤颈䴙䴘	英文名：Red-necked Grebe	

【形态特征】体长：雄鸟520～560mm，雌鸟480～490mm。上体、头顶黑褐色，颈部至胸部栗红色，头两侧、喉白色；喙黑色，基部略黄，虹膜褐色；脚黑色；下体白色。

【生活习性】主要取食各种水栖昆虫、小虾、鱼及一些水生植物。善于游泳、潜水。受惊时潜入水中，能藏匿较长时间。

【生　　境】喜栖息于内陆淡水湖泊，越冬于沿海海岸及入海口。

【分　　布】国内繁殖于东北及内蒙古；华北及东南沿海为罕见冬候鸟。

【鸣　　声】繁殖期外寂静无声。营巢时甚喧闹，发出“uooh-uooh-uooh”的嚎叫声；也作粗哑的“cherk”叫声。

【受威胁和保护等级】LC无危（IUCN，2018）；NT近危（中国生物多样性红色名录——脊椎动物卷，2020）；国家二级重点保护野生动物。

039 凤头䴙䴘
Podiceps cristatus

䴙䴘目 Podicipediformes	䴙䴘科 Podicipedidae	䴙䴘属 *Podiceps*

别称：情䴙䴘、浪里白、水老呱、水驴子　　英文名：Great Crested Grebe

【形态特征】体长：雄鸟520～580mm，雌鸟460～520mm。体形较大且修长；上体、头部棕褐色，具黑色角状羽冠，耳羽明显；喙黄色，喙角具一道黑线，虹膜褐色；脚黄色；翅暗褐色，杂以白斑；胸侧和两胁淡棕色；下体其余白色。

【生活习性】主要取食各种水栖昆虫、小虾、鱼及一些水生植物。潜水的能力很强，潜水可达50秒；受惊时从不飞离水面，而是潜入水中；很少登陆活动。

【生　　境】喜栖居于湖泊、江河、沼泽等各种水域，特别是有浓密的芦苇和水草的湖沼中。越冬于沿海入海口。

【分　　布】国内广布，越冬于黄河以南大部地区。

【鸣　　声】成鸟叫声深沉而洪亮。雏鸟乞食时发出笛声“ping-ping”。

【受威胁和保护等级】LC无危（IUCN，2019）；LC无危（中国生物多样性红色名录——脊椎动物卷，2020）；中国三有保护鸟类；河北省重点保护鸟类。

040 角䴙䴘
Podiceps auritus

䴙䴘目 Podicipediformes	䴙䴘科 Podicipedidae	䴙䴘属 *Podiceps*
别称：长耳䴙䴘	英文名：Slavonian Grebe	

【形态特征】体长：雄鸟370～390mm，雌鸟360～380mm。繁殖期上体、头顶、颈部黑色，颈侧、上胸部、腹部栗色；头的两侧各有一簇金棕色角状羽簇，过眼纹橙黄色，喙黑色，冬季喙尖乳白色，虹膜红色；脚黄灰色。

【生活习性】主要取食各种水栖昆虫、小虾、鱼及一些水生植物。冬季喜结群。

【生　　境】主要栖息于湖泊、水塘、沼泽和入海口。

【分　　布】国内繁殖于新疆天山西部，见于东北中部和南部，河北、河南、山东等为旅鸟，冬季迁于长江下游、福建和台湾。

【鸣　　声】非繁殖期寂静无声；繁殖期发出低沉、响亮颤音“ge-ge-ge”，有时伴有长“a---ge-ge”拖音。

【受威胁和保护等级】VU易危（IUCN，2018）；NT近危（中国生物多样性红色名录——脊椎动物卷，2020）；国家二级重点保护野生动物。

041 黑颈䴙䴘 *Podiceps nigricollis*

䴙䴘目 Podicipediformes	䴙䴘科 Podicipedidae	䴙䴘属 *Podiceps*
别称：黑颈䴙䴘	英文名：Black-necked Grebe	

【形态特征】体长：雄鸟 250～349mm，雌鸟 250～335mm。繁殖期上体部、头顶、颈部黑色，眼后具金黄色扇形饰羽簇，喙黑色，下喙稍上弯，虹膜红色；两胁红褐色；脚黑色。冬羽头部黑色区域多于角䴙䴘，喙略上翘。

【生活习性】主要取食昆虫，有时会取食草籽、水草、鱼、虾等。冬季喜结群活动。翅短不易飞，飞起时离水面很近。

【生　　境】主要栖居于湖泊、水塘、沼泽和入海口。

【分　　布】国内繁殖于新疆西北部、内蒙古及东北；迁徙经东部大部地区，越冬于长江中下游地区及东南沿海。

【鸣　　声】繁殖期发颤音、笛声和沙哑叫声，鸣声如“bibbib，eeee”。

【受威胁和保护等级】LC 无危（IUCN，2018）；NT 近危（中国生物多样性红色名录——脊椎动物卷，2020）；中国三有保护鸟类。

042 山斑鸠
Streptopelia orientalis

鸽形目 Columbiformes	鸠鸽科 Columbidae	斑鸠属 *Streptopelia*
别称：金背斑鸠、雉鸠、斑鸠、麦鶌	英文名：Oriental Turtle Dove	

【形态特征】体长：雄鸟 300～355mm，雌鸟 260～340mm。上体大多褐色；颈基两侧杂以蓝黑色的块斑；喙铅蓝色，虹膜橙黄色；肩羽羽缘明显红褐色；尾端灰白色；下体主要为葡萄酒的红褐色；脚洋红色。

【生活习性】食物以杂草种子、植物的嫩叶和果实等为主，也取食鳞翅目幼虫、蜗牛、小螺、蝇蛆等。常结群活动，会与珠颈斑鸠混群。

【生　　境】喜栖息于低山丘陵、平原、山地林区、农田。

【分　　布】几遍全国各地。

【鸣　　声】叫声低沉，似“coo coo-co coo coo”，重复几次；繁殖期鸣叫频繁。

【受威胁和保护等级】LC 无危（IUCN，2016）；LC 无危（中国生物多样性红色名录——脊椎动物卷，2020）；中国三有保护鸟类。

043 灰斑鸠
Streptopelia decaocto

鸽形目 Columbiformes	鸠鸽科 Columbidae	斑鸠属 *Streptopelia*
别称：领斑鸠	英文名：Eurasian Collared Dove	

【形态特征】体长：雄鸟285～340mm，雌鸟250～320mm。体型稍小，上体大多淡紫褐色；喙黑色，虹膜红色；后颈具一道半月形黑色领环；下体淡鸽灰色；胸部粉红色；脚粉红。

【生活习性】植食性，主要取食小麦、豌豆、油菜籽、苜蓿、麻籽、黄豆、杂草籽及野果等。常结小群活动，有时混群于其他斑鸠。

【生　　境】喜栖息于低山丘陵、平原、山地林区、农田。

【分　　布】国内见于除青藏高原之外大部地区。

【鸣　　声】叫声为"coo-coo, coo-roo"，连续7次，或为"coo coo-oo coo"。

【受威胁和保护等级】LC无危（IUCN，2019）；LC无危（中国生物多样性红色名录——脊椎动物卷，2020）；中国三有保护鸟类。

044 珠颈斑鸠
Streptopelia chinensis

鸽形目 Columbiformes	鸠鸽科 Columbidae	斑鸠属 *Streptopelia*
别称：珍珠鸠、花斑鸠、花脖斑鸠、鸪鹪	英文名：Spotted Dove	

【形态特征】体长：雄鸟280～340mm，雌鸟275～330mm。头鸽灰色，喙深角质色，虹膜褐色；上体大多褐色，下体粉红色；后颈具宽阔的黑羽领圈，点缀以黄色至白色的珠状细斑；外侧尾羽黑褐色，末端白色，展尾时非常明显；脚紫红色。

【生活习性】以稻谷、高粱、油菜籽和杂草种子等植物为食，也食蝇蛆、蜗牛等。常结小群活动，有时与山斑鸠和其他鸠类混群，在树上停歇，或在地面觅食。

【生　　境】喜栖息于低山丘陵、平原、山地林区、草地、农田。

【分　　布】国内广布华北及其以南地区，包括海南及台湾。

【鸣　　声】鸣声响亮，音调较山斑鸠稍高；叫声似“ku-ku-u-ou”，较轻柔，三声或四声一度，最后一声明显拖长。

【受威胁和保护等级】LC无危（IUCN，2016）；LC无危（中国生物多样性红色名录——脊椎动物卷，2020）；中国三有保护鸟类。

045 普通夜鹰 *Caprimulgus indicus*

夜鹰目 Caprimulgiformes	夜鹰科 Caprimulgidae	夜鹰属 *Caprimulgus*

别称：蚊母鸟、贴树皮、鬼鸟、夜燕、日本夜鹰　　英文名：Grey Nightjar

【形态特征】体长：雄鸟250～278mm，雌鸟261～280mm。中型夜鹰，羽色暗褐缀有点斑细纹，喉具白斑，喙阔具极硬的须，翅长、尾长。雄鸟尾上亦具白斑，飞时尤其明显。喙黑色，虹膜暗褐色；脚肉褐色。

【生活习性】飞行快速无声，常鼓翼后伴随一段滑翔。捕食昆虫。具迁徙性。通常单独或成对活动。

【生　　境】栖息于海拔3000m以下的开阔的林地和灌丛，多栖息于针叶林树干，也落于地面休息。

【分　　布】国内常见，迁徙时见于台湾和海南。

【鸣　　声】叫声似“tuck-tuck-tuck”，叫声快速而平稳。繁殖期常在昏间久鸣不休。

【受威胁和保护等级】LC无危（IUCN，2016）；LC无危（中国生物多样性红色名录——脊椎动物卷，2020）；中国三有保护鸟类；河北省重点保护鸟类。

046 白喉针尾雨燕
Hirundapus caudacutus

夜鹰目 Caprimulgiformes	雨燕科 Apodida	针尾雨燕属 *Hirundapus*
别称：针尾雨燕、山燕子、针尾沙燕	英文名：White-throated Spinetuil	

【形态特征】体长：雄鸟192～205mm，雌鸟194～251mm。大型雨燕，体羽大都黑褐色，具蓝色金属反光；额、颊及喉白色；跗跖短，4趾均向前；尾羽羽轴突出呈针状。喙短阔扁平，翼窄而长，腿短。虹膜褐色，喙黑色；脚肉褐色。

【生活习性】具迁徙性。飞行疾速，常带动气流，发出"嗖嗖"的啸声。飞行时，两翼呈剪刀状。主要以昆虫为食。巢营于陡壁裂隙或洞穴内。

【生　　境】栖息于阔叶林及针阔混交林带，常在草地、河谷、水面、峡谷、山地草原或其他开阔地域活动。

【分　　布】国内东北山地为夏候鸟，西南局部地区为留鸟。

【鸣　　声】不善鸣叫，发出尖细的高频颤音"tr-tr-tr"。

【受威胁和保护等级】LC无危（IUCN，2019）；LC无危（中国生物多样性红色名录——脊椎动物卷，2020）；中国三有保护鸟类；河北省重点保护鸟类。

047 白腰雨燕
Apus pacificus

夜鹰目 Caprimulgiformes	雨燕科 Apodidae	雨燕属 *Apus*
别称：雨燕、野燕、白尾根麻燕、白尾根雨燕		英文名：Fork-tailed Swift

【形态特征】体长：雄鸟170～195mm，雌鸟170～185mm。中型雨燕，雌雄相似，体羽灰褐色；背、腰黑褐色，各羽末端具细的白色羽缘，腰具约20mm宽的白斑；两翼较长，飞行较快；喙黑色，虹膜棕褐；脚紫黑。

【生活习性】多结群飞于近山地带。食双翅目、鞘翅目及其他昆虫。

【生　　境】喜陡峻山坡、悬岩、河域。

【分　　布】国内除新疆南部、西藏北部和西部外，全国均有分布。

【鸣　　声】叫声尖细，高频颤音似“zre-zr-zr-ze”。

【受威胁和保护等级】LC无危（IUCN，2016）；LC无危（中国生物多样性红色名录——脊椎动物卷，2020）；中国三有保护鸟类；河北省重点保护鸟类。

048 普通雨燕 *Apus apus*

夜鹰目 Caprimulgiformes	雨燕科 Apodidae	雨燕属 *Apus*
别称：褐雨燕、野燕、麻燕、北京雨燕	英文名：Common Swift	

【形态特征】体长：雄鸟163～190mm，雌鸟167～182mm。中型雨燕，似家燕而稍大。雌鸟与雄鸟极其相似，体羽几乎纯黑褐色；两翼特型延长，飞时向后弯曲如镰刀，尾羽叉状中等深度；喙黑色，虹膜暗褐色；脚黑褐色。

【生活习性】常集大群在空中飞行捕食昆虫，飞行速度快。可以一直在空中飞行，终日几乎不停。

【生　　境】喜森林、荒漠、海岸、城镇等多种生境。营巢于岩壁、城墙和古建筑。

【分　　布】国内繁殖于西北至华北、东北，南迁至东南亚、澳大利亚或非洲越冬。

【鸣　　声】叫声为响亮尖锐的颤音，“shi-shi”声。

【受威胁和保护等级】LC无危（IUCN，2016）；LC无危（中国生物多样性红色名录——脊椎动物卷，2020）。

049 噪鹃
Eudynamys scolopaceus

鹃形目 Cuculiformes	杜鹃科 Cuculidae	噪鹃属 *Eudynamys*

别称：哥好雀、婆好、嫂鸟、鬼郭公　　英文名：Western Koel

【形态特征】体长：雄鸟370～430mm，雌鸟380～420mm。喙、脚较粗壮，跗跖部裸露，无羽；尾与翅几乎等长。雄鸟大部分黑色，具蓝色亮辉；虹膜红色，喙灰绿色；下体亮辉不著；脚蓝灰色。雌鸟大部分褐色，满布白色斑点；下体杂以横斑；脚淡绿色。

【生活习性】食性较杂，取食植物果实、种子、甲虫及毛虫等。善隐蔽于大树顶层密集的叶簇中，若不鸣叫，很难发现，受惊立即远飞。飞行快速而无声。

【生　　境】栖息于海拔1000m以下的茂密林木中。

【分　　布】国内主要分布于黄河以南大部分地区。

【鸣　　声】雄鸟鸣声响亮、清脆，似“dau-vau”之双缀音；雌鸟鸣叫声急而尖。

【受威胁和保护等级】LC无危（IUCN，2016）；LC无危（中国生物多样性红色名录——脊椎动物卷，2020）；中国三有保护鸟类；河北省重点保护鸟类。

050 大鹰鹃

Hierococcyx sparverioides

鹃形目 Cuculiformes	杜鹃科 Cuculidae	鹰鹃属 *Hierococcyx*
别称：鹰头杜鹃、鹰鹃、佛鴂、子规	英文名：Large Hawk Cuckoo	

【形态特征】体长：雄鸟353～405mm，雌鸟363～415mm。体型较大，翅长超200mm，翅短圆；羽色略似雀鹰。头灰色，背部褐色，下体具纵纹和横斑；虹膜橙黄色，亚成鸟褐色，喙暗褐色、下喙黄色；次级飞羽达到初级飞羽长度的2/3以上；脚浅黄色。

【生活习性】主要取食昆虫及其幼虫。限于树上活动，善隐蔽于叶簇中鸣叫；整天甚至夜间都可听到它的叫声。飞行姿态多是一阵快速拍翅过后，又滑翔一下，似雀鹰。

【生　　境】多栖息于海拔1000m以下的茂密林木中。

【分　　布】国内分布于除东北、新疆、青海西部和西藏北部外的全国各地。

【鸣　　声】鸣声为三连音的反复，似“pi-pee-wa”之声。

【受威胁和保护等级】LC无危（IUCN，2016）；LC无危（中国生物多样性红色名录——脊椎动物卷，2020）；中国三有保护鸟类。

051 北棕腹鹰鹃
Hierococcyx hyperythrus

鹃形目 Cuculiformes	杜鹃科 Cuculidae	鹰鹃属 *Hierococcyx*
别称：北鹰鹃、北棕腹杜鹃	英文名：Northern Hawk-Cuckoo	

【形态特征】体长：雄鸟、雌鸟280mm。雌雄相似。头顶至脸颊灰色；后颈部常具白斑，并形成半领环；上体、两翼灰褐色，三级飞羽内侧有白斑；虹膜红色或黄色；喙黄黑色；胸部、腹部棕红色，有时斑驳状；尾下覆羽白色，尾灰色，具黑色横带；脚黄色。

【生活习性】主要取食昆虫，也食植物果实。巢寄生，寄主多为鸫类和鹟类。善隐蔽。

【生　　境】生境多样，常栖息于海拔1000m以下的茂密林木中，如阔叶林、落叶林、竹林和种植园。

【分　　布】国内分布于东北东部、华北和华东（夏候鸟）；迁徙时经过东南沿海地区。

【鸣　　声】繁殖期发出响亮而尖锐的颤音，也会发出短而多变的哨音“ju-yi-juli”。

【受威胁和保护等级】LC无危（IUCN，2016）；LC无危（中国生物多样性红色名录——脊椎动物卷，2020）；中国三有保护鸟类。

052 四声杜鹃
Cuculus micropterus

鹃形目 Cuculiformes	杜鹃科 Cuculidae	杜鹃属 *Cuculus*
别称：豌豆八哥、花喀咕	英文名：Indian Cuckoo	

【形态特征】体长：雄鸟315～335mm，雌鸟300～330mm。上喙黑色、下喙黄绿色；虹膜暗褐色；翅形尖长；尾具黑色的近端宽斑，翅缘白而无斑；下体横斑宽且稀疏；脚黄色。

【生活习性】主要取食昆虫，特别是毛虫，也食植物组织碎屑和种子。非常善隐蔽，往往只能听到鸣叫声而看不见鸟。卵寄孵于雀形目鸟类巢中，其寄主有大苇莺、灰喜鹊、黑卷尾、灰卷尾、黑喉石鹏等。

【生　　境】常栖息于海拔1000m以下的茂密林木中，尤喜河谷和阔叶林。

【分　　布】国内分布于东北至华中、西南和东南地区。

【鸣　　声】鸣声洪亮，四声一度，每度反复相隔2～3秒钟，常从早到晚经久不息，尤以天亮时为甚。叫声似“gue-gue-gue-guo”。

【受威胁和保护等级】LC无危（IUCN，2016）；LC无危（中国生物多样性红色名录——脊椎动物卷，2020）；中国三有保护鸟类；河北省重点保护鸟类。

053 大杜鹃 *Cuculus canorus*

鹃形目 Cuculiformes	杜鹃科 Cuculidae	杜鹃属 *Cuculus*
别称：鸤鸠、郭公、布谷、喀咕	英文名：Common Cuckoo	

【形态特征】体长：雄鸟288～376mm，雌鸟268～330mm。中型杜鹃。雄鸟头顶、上体和胸部浅灰色；腹部白色，密布黑色细横纹；眼圈黄色，虹膜土黄色；上喙深色、下喙黄色；翅尖长，翅缘白色，具褐色细横斑，飞羽具明显横纹；尾羽深褐色，具白色斑点和端斑；脚黄色，爪黄褐色。雌鸟胸部还有褐色，也有棕色型。

【生活习性】主要取食昆虫，尤其嗜吃毛虫。飞行快速有力，循直线前进，无声。善隐蔽。常零散活动，有时成对，难集群。巢寄生，寄主有东方大苇莺、麻雀、灰喜鹊等。

【生　　境】栖息于海拔1000m以下的茂密林木、灌木丛、荒地和湿地中，尤喜河谷和阔叶林。

【分　　布】国内见于除极高海拔和沙漠外的大部分地区（夏候鸟）；台湾（旅鸟）。

【鸣　　声】鸣声响亮、清澈，二声一度，似“kuk-ku”之声，反复不已，因此得名“布谷”。

【受威胁和保护等级】LC无危（IUCN，2019）；LC无危（中国生物多样性红色名录——脊椎动物卷，2020）；中国三有保护鸟类；河北省重点保护鸟类。

054 中杜鹃
Cuculus saturatus

鹃形目 Cuculiformes	杜鹃科 Cuculidae	杜鹃属 *Cuculus*
别称：中喀咕、筒鸟、蓬蓬鸟、山郭公	英文名：Himalayan Cuckoo	

【形态特征】体长：雄鸟 298～305mm，雌鸟 250～314mm。极似四声杜鹃。雄鸟上体鼠灰色；喉部至上胸部浅灰色，翼缘纯白色，不具褐斑；眼圈黄色，虹膜橙色至褐色，喙黑褐色，下喙基部橙黄色；胸腹部白色，具黑色较粗横斑；脚橙黄色。雌鸟颈部和胸部略带褐色。

【生活习性】习性似大杜鹃。主要取食柔软的昆虫及其幼虫。巢寄生，多置卵于灰背燕尾、冠纹柳莺等的小型雀形目鸟巢中。多隐蔽于茂密的山林中而不常见。

【生　　境】常栖息于海拔较高的山区。

【分　　布】国内分布于东部和南部地区（夏候鸟或旅鸟）。

【鸣　　声】鸣叫声似“hu-hu”的双连音，也有点似远处的犬吠声，声音响亮。

【受威胁和保护等级】LC 无危（IUCN，2021）；LC 无危（中国生物多样性红色名录——脊椎动物卷，2020）；中国三有保护鸟类；河北省重点保护鸟类。

055 东方中杜鹃

Cuculus optatus

鹃形目 Cuculiformes	杜鹃科 Cuculidae	杜鹃属 *Cuculus*
别称：霍氏中杜鹃、北方中杜鹃	英文名：Oriental Cuckoo	

【形态特征】体长：雄鸟、雌鸟 300～320mm。羽色似中杜鹃。脸部和胸部具有较粗大的黑色横纹；喙黑褐色，下喙基部橙黄色，眼圈黄色，虹膜红褐色；脚橘黄色。

【生活习性】主要取食昆虫，大多在树冠上觅食，偶尔至开阔地觅食。善隐蔽。巢寄生，寄主主要是柳莺、树莺等小型雀形目鸟类。

【生　　境】常栖息于海拔 1000m 以下的茂密林木中，尤喜河谷、针阔混交林和泰加林。

【分　　布】国内繁殖于西北和东北地区，迁徙时见于东部沿海地区。

【鸣　　声】繁殖季节不断重复悦耳的双音节“hu-hu”声，非繁殖季节不鸣叫。

【受威胁和保护等级】LC 无危（IUCN，2021）；LC 无危（中国生物多样性红色名录——脊椎动物卷，2020）；中国三有保护鸟类。

056 小杜鹃 *Cuculus poliocephalus*

鹃形目 Cuculiformes	杜鹃科 Cuculidae	杜鹃属 *Cuculus*
别称：小郭公、点灯捉蛇蚤	英文名：Lesser Cuckoo	

【形态特征】体长：雄鸟240～275mm，雌鸟250～270mm。体型远小于中杜鹃，羽色与其相似；翼缘灰色；喙黄色、端部黑色，虹膜褐色；腹部具稀疏的粗横斑；脚黄色。

【生活习性】主要取食昆虫，以毛虫为多，也食植物果实和种子。飞行敏捷。善隐蔽。

【生　　境】常栖息于海拔1000m以下的茂密林木中，尤喜河谷和阔叶林。

【分　　布】国内见于除西北以外各地。

【鸣　　声】常立于杉树顶枝鸣叫，叫声似“pi-pi-ki-li-li-i”，连续三次，然后再反复，有时深夜鸣叫。

【受威胁和保护等级】LC无危（IUCN，2016）；LC无危（中国生物多样性红色名录——脊椎动物卷，2020）；中国三有保护鸟类；河北省重点保护鸟类。

057 花田鸡
Coturnicops exquisitus

鹤形目 Gruiformes	秧鸡科 Rallidae	花田鸡属 *Coturnicops*
别称：花秧鸡、西伯利亚田鸡	英文名：Swinhoe’s Rail	

【形态特征】体长：雄鸟、雌鸟 120～140mm。小型涉禽，较麻雀略大，两性相似。上体橄榄褐色，具黑色纵纹和白色横纹；头、颈侧和胸部淡橄榄褐色，有白色横纹，喙深褐色、下喙基部黄绿色，虹膜褐色；次级飞羽端部白色，翅上具白斑；脚黄褐色。

【生活习性】主要取食昆虫和其他小型无脊椎动物，有时也取食植物嫩芽。性安静，隐蔽，多在早、晚活动，不易观察。飞行时似蝴蝶，拍翅慢而弱。

【生　　境】喜栖息于湿地、沼泽、湖泊、水塘等地。

【分　　布】国内见于东北、华北、华东和东南等地区。

【鸣　　声】喉鸣、尖叫及“du-du-du”作叫的金属音似轻敲石头的声音。

【受威胁和保护等级】VU 易危（IUCN，2016）；VU 易危（中国生物多样性红色名录——脊椎动物卷，2020）；国家二级重点保护野生动物。

058 普通秧鸡 *Rallus indicus*

鹤形目 Gruiformes	秧鸡科 Rallidae	秧鸡属 *Rallus*
别称：水鸡子、秋鸡	英文名：Eastern Water Rail	

【形态特征】体长：雄鸟239～290mm，雌鸟223～295mm。小型涉禽，两性相似。背部橄榄褐色，具黑色轴斑；颊、喉、前颈和胸部石板灰色，羽端微棕白色；喙细长，红色；虹膜红褐色；两胁和尾下覆羽具黑白相间的横纹；脚浅褐色。

【生活习性】食性较杂，如植物的嫩叶、嫩枝、种子、根、浆果和果实，软体动物、昆虫及其幼虫、小型脊椎动物等。性畏人，单独或成对活动。喜晨、昏活动，很少飞行。

【生　　境】喜栖息于有茂密植物的沼泽、湖泊、水塘、水域岸边、农田等地。

【分　　布】国内广泛分布。

【鸣　　声】偶尔发出单调的“ju-ju-ju”金属音。

【受威胁和保护等级】LC无危（IUCN，2016）；LC无危（中国生物多样性红色名录——脊椎动物卷，2020）；中国三有保护鸟类。

059 小田鸡
Zapornia pusilla

鹤形目 Gruiformes	秧鸡科 Rallidae	小田鸡属 *Zapornia*
别称：小秧鸡	英文名：Baillon's Crake	

【形态特征】体长：雄鸟150～190mm，雌鸟170～180mm。小型秧鸡；上体橄榄褐色，背部具黑色纵纹和白色斑点；喙暗绿色，虹膜红色；下体灰色，两胁和尾下覆羽黑褐色，具白色斑纹；脚黄绿色。

【生活习性】食性较杂，主要取食水生昆虫及其幼虫，也取食环节、软体动物，以及绿色植物和种子。常单独行动。性胆怯，喜晨、昏活动，行动隐蔽。很少飞行。

【生　　境】喜栖息于沼泽、水塘、水域岸边、农田等地。

【分　　布】国内分布广泛，见于除西藏、青海外各地。

【鸣　　声】鸣声柔和而低，繁殖期有时发“da-da-da”的单调声音。

【受威胁和保护等级】LC无危（IUCN，2019）；LC无危（中国生物多样性红色名录——脊椎动物卷，2020）；中国三有保护鸟类；河北省重点保护鸟类。

060 白胸苦恶鸟 *Amaurornis phoenicurus*

鹤形目 Gruiformes	秧鸡科 Rallidae	苦恶鸟属 *Amaurornis*
别称：白胸秧鸡、白腹秧鸡、白面鸡	英文名：White-breasted Waterhen	

【形态特征】体长：雄鸟293～330mm，雌鸟285～330mm。中型涉禽，两性相似。上体暗石板灰色，两颊、喉至胸、腹部白色，与上体形成黑白分明的对照；喙黄绿色，喙基部具明显红斑，虹膜红色；下腹部和尾下覆羽栗红色；脚黄色。

【生活习性】食性较杂，如蠕虫、软体动物、昆虫及其幼虫、蜘蛛和小鱼，水生植物的嫩茎、根和草籽。性机警、隐蔽。常单独活动。善于步行、奔跑和涉水。行走时头颈前后伸缩，尾上下摆动。起飞笨拙，很少飞行。

【生　　境】喜栖息于湖边、河滩、河流、湖泊、灌渠、池塘、水稻、甘蔗田等。

【分　　布】国内广泛分布于西南和东部地区。在绝大多数国家为留鸟，在中国、不丹为夏候鸟及留鸟，在韩国为旅鸟。

【鸣　　声】发情期和繁殖期常彻夜发出清晰嘹亮的“ku-e，ku-e”的奇特的鸣叫声，单调重复。

【受威胁和保护等级】LC无危（IUCN，2016）；LC无危（中国生物多样性红色名录——脊椎动物卷，2020）；中国三有保护鸟类；河北省重点保护鸟类。

061 黑水鸡
Gallinula chloropus

鹤形目 Gruiformes	秧鸡科 Rallidae	黑水鸡属 *Gallinula*
别称：红骨顶、红冠水鸡	英文名：Common Moorhen	

【形态特征】体长：雄鸟240～345mm，雌鸟250～320mm。中型涉禽，两性相似。体大部分黑色；喙端黄绿色、上喙基部至额血红色，虹膜红色；尾下覆羽两侧白色，中间黑色，游泳时尾向上翘露出尾下十分明显的两块白斑；脚黄绿色，胫上有红色环带。

【生活习性】食性较杂。善于游泳和潜水，受惊时可潜入水底隐藏，呼吸时在水面露出鼻孔。飞行缓慢，不善飞，很少飞。不耐寒。非繁殖期有集群现象。

【生　　境】栖息于有挺水植物的淡水湿地、沼泽、水塘、水域岸边、农田、沼泽等。

【分　　布】国内几乎遍布各地区，长江流域及其以北地区为夏候鸟，长江流域以南直抵海南、台湾为留鸟。

【鸣　　声】叫声高亢嘹亮，发出单词的“ge-ge-gei”声。

【受威胁和保护等级】LC无危（IUCN，2019）；LC无危（中国生物多样性红色名录——脊椎动物卷，2020）；中国三有保护鸟类。

062 白骨顶 *Fulica atra*

鹤形目 Gruiformes	秧鸡科 Rallidae	骨顶属 *Fulica*
别称：骨顶鸡、白冠鸡、凫翁	英文名：Common Coot	

【形态特征】体长：雄鸟385～430mm，雌鸟355～400mm。中型游禽，似小型野鸭。体灰黑色；喙白色，具白色额甲，虹膜红褐色；胸、腹部中央羽色较浅；脚墨绿色，趾间具瓣蹼。

【生活习性】食性较杂，以水生植物的嫩芽、叶、根、茎等为食，也取食昆虫、蠕虫、软体动物等。除繁殖季节外，常集群活动，有时与其他鸭类混群，整天在水面上游泳，很少上岸；迁徙或越冬时，集成数百只的大群。善游泳，能潜水。喜晨、昏活动，很少飞行。

【生　　境】喜栖息于有水生植物的大面积沼泽地、湖泊、水塘、水域岸边、农田等。

【分　　布】国内广泛分布于全国各地。

【鸣　　声】求偶时雄鸟追逐雌鸟，会发出响亮的“grow-grow”的叫声。

【受威胁和保护等级】LC无危（IUCN，2019）；LC无危（中国生物多样性红色名录——脊椎动物卷，2020）；中国三有保护鸟类。

063 白鹤

Leucogeranus leucogeranus

鹤形目 Gruiformes	鹤科 Gruidae	白鹤属 *Leucogeranus*
别称：黑袖鹤、西伯利亚鹤	英文名：Siberian Crane	

【形态特征】体长：雄鸟、雌鸟1300～1400mm。大型涉禽，略小于丹顶鹤，两性相似。全体洁白，初级飞羽黑色，站立时黑色飞羽不易看见，仅飞翔时明显；头的前半部具红色裸皮；喙暗红色，虹膜棕黄色；脚暗红色。

【生活习性】食性较杂，包括植物的根、茎、芽、种子、浆果以及昆虫、小螺、小鱼、蛙、鼠类等。集群迁徙，飞行时排成“一”字或“人”字形。

【生　　境】喜栖息于大面积的开阔沼泽、草地、湖岸、农田等。

【分　　布】国内主要见于东北到长江中下游的湖泊。

【鸣　　声】犹如笛声，在迁徙中会发出“koonk、koonk”的声音。

【受威胁和保护等级】CR极危（IUCN，2018）；CR极危（中国生物多样性红色名录——脊椎动物卷，2020）；CITES附录I（2023）；国家一级重点保护野生动物。

064 白枕鹤 *Antigone vipio*

鹤形目 Gruiformes	鹤科 Gruidae	白枕鹤属 *Antigone*
别称：红面鹤	英文名：White-naped Crane	

【形态特征】体长：雄鸟1170～1342mm，雌鸟1180～1500mm。大型涉禽，略小于丹顶鹤，两性相似。全身灰色，头顶后部、枕部、后颈、上颈侧部及喉部白色，眼周及两颊的皮肤红色、裸露；虹膜暗褐色，喙黄绿色；脚红色。

【生活习性】食性较杂，主要取食植物的种子、根、块茎、残余的谷物以及昆虫、虾、软体动物、小鱼、蝌蚪等。集群迁徙，飞行时排成"一"字或"人"字形。

【生　　境】喜栖息于开阔的沼泽、草地、湖岸、农田。

【分　　布】国内见于东北、长江下游地区，迷鸟至福建、台湾。

【鸣　　声】高远的号角声。

【受威胁和保护等级】VU易危（IUCN，2018）；EN濒危（中国生物多样性红色名录——脊椎动物卷，2020）；CITES附录I（2023）；国家一级重点保护野生动物。

065 蓑羽鹤
Grus virgo

鹤形目 Gruiformes	鹤科 Gruidae	鹤属 *Grus*
别称：闺秀鹤	英文名：Demoiselle Crane	

【形态特征】体长：雄鸟760～920mm，雌鸟680～800mm。小型鹤类。上体灰色，头、颈部黑色为主，头顶白色，眼后有延长且下垂的白色纤羽；喙黄绿色，虹膜雄鸟红色、雌鸟橘黄色；喉部至前颈部的黑色羽毛延长且下垂至胸部；初级飞羽暗灰色或灰黑色，三级飞羽和内侧部分次级飞羽特别延长，一般超过尾端；下体余部灰色或淡蓝灰色；脚黑色。

【生活习性】喜集群活动，飞行时排成"一"字或"人"字形。

【生　　境】喜栖息于开阔的沼泽、草地、湖岸、农田以及植被较丰富的河流、湖泊等地。

【分　　布】国内繁殖于西北及东北部，迁徙经华北和中部地区，越冬于西南地区，为区域性常见候鸟。

【鸣　　声】发出响亮的号角声，单音节。

【受威胁和保护等级】LC无危（IUCN，2018）；NT近危（中国生物多样性红色名录——脊椎动物卷，2020）；国家二级重点保护野生动物。

066 丹顶鹤

Grus japonensis Statius

鹤形目 Gruiformes	鹤科 Gruidae	鹤属 *Grus*
别称：仙鹤、红冠鹤	英文名：Red-crowned Crane	

【形态特征】体长：雄鸟1200～1520mm，雌鸟1100～1520mm。大型涉禽，略大于白鹤和白枕鹤；两性相似。全身白色为主，颈黑色，枕白色，头顶具鲜红色裸皮；喙黑色，尖端黄色，虹膜褐色；次级飞羽和三级飞羽黑色；脚灰黑色。

【生活习性】食性较杂，食软体动物、沙蚕、鱼类等，植物如杂草种子、禾本科根、茎等。集群迁徙，飞行时排成“一”字或“人”字形。

【生　　境】喜栖息于开阔的沼泽、草地、湖岸、农田等地。

【分　　布】国内见于东北至东部江苏一带。

【鸣　　声】发出嘹亮号角声。

【受威胁和保护等级】EN濒危（IUCN，2021）；EN濒危（中国生物多样性红色名录——脊椎动物卷，2020）；CITES附录I（2023）；国家一级重点保护野生动物。

067 灰鹤

Grus grus

鹤形目 Gruiformes	鹤科 Gruidae	鹤属 *Grus*
别称：欧亚鹤	英文名：Common Crane	

【形态特征】体长：雄鸟 1050～1100mm，雌鸟 1000～1110mm。大型涉禽，略大于白头鹤，小于白枕鹤，两性相似。全身灰色，头顶裸露部分红色，两颊至颈侧灰白色，喉、前颈和后颈灰黑色；喙乳黄色，虹膜褐色；初级飞羽、次级飞羽黑色；脚灰黑色。

【生活习性】食性杂，以根、茎、叶、果实和种子等植物为主，也食昆虫、小型无脊椎动物等。集群活动，飞行时排成“一”字或“人”字形。

【生　　境】喜栖息于开阔的沼泽、草地、湖岸、农田等地。

【分　　布】国内分布于除西藏外的广大地区，繁殖于北方；越冬于黄河以南。

【鸣　　声】声音高亢、持久具有穿透力的号角声，飞行时发出深沉响亮的“karr”声。

【受威胁和保护等级】LC 无危（IUCN，2016）；NT 近危（中国生物多样性红色名录——脊椎动物卷，2020）；国家二级重点保护野生动物（1989）。

068 白头鹤
Grus monacha

鹤形目 Gruiformes	鹤科 Gruidae	鹤属 *Grus*
别称：锅鹤、玄鹤、修女鹤	英文名：Hooded Crane	

【形态特征】体长：雄鸟950～970mm，雌鸟920～940mm。大型涉禽，较纤细，略小于灰鹤；两性相似。全身深暗灰色；头和颈纯白色；喙黄绿色；虹膜深褐色；脚黑色。

【生活习性】食性较杂，以草根、地下球茎、稻谷、小麦、草籽等植物为食，也取食软体动物、昆虫、虾、螺、小鱼和蛙类。集群迁徙，飞行时排成“一”字或“人”字形。

【生　　境】喜栖息于开阔的沼泽、湖泊、草地、湖岸、农田和沿海滩涂等地。

【分　　布】国内繁殖于黑龙江、内蒙古；越冬于华东、华中地区。

【鸣　　声】鸣叫声似丹顶鹤，但较尖细，不够洪亮。在空中相互联络时，雄鹤先发出单音节的“gu-”声，雌鹤随即和以“ga-”声，雌雄都有颤音，可传较远距离。

【受威胁和保护等级】VU易危（IUCN，2016）；EN濒危（中国生物多样性红色名录——脊椎动物卷，2020）；CITES附录I（2023）；国家一级重点保护野生动物。

069 大鸨 *Otis tarda*

鸨形目 Otidiformes	鸨科 Otididae	大鸨属 *Otis*

别称：地鵏、羊鵏、鸡鵏、老鵏、独豹、野雁　　英文名：Great Bustard

【形态特征】体长：雄鸟、雌鸟750～1050mm。大型地栖鸟类，身体粗壮，颈粗、长、直，腿强健。雄鸟上体栗棕色，密布宽阔的黑色横斑；喙粗壮，黄褐色，先端黑色；虹膜暗褐色；雄性颊下具细长须状羽；两翅覆羽白色，翅上具大形白斑；下体灰白色；脚灰褐，无后趾。雌鸟体小，上体浅棕色。

【生活习性】食性杂，主要取食植物，也取食无脊椎动物。耐寒，性机警，很难靠近。大多集群活动。善奔走。飞行有力持久。

【生　　境】栖息于开阔的平原、草地、农田、湿地。

【分　　布】国内西部种群见于新疆；东部种群在内蒙古东部和东北西部繁殖，越冬于西北、华北、淮河沿岸、长江中下游和江苏沿海滩涂一带。

【鸣　　声】几乎不鸣叫。

【受威胁和保护等级】VU易危（IUCN，2017）；EN濒危（中国生物多样性红色名录——脊椎动物卷，2020）；国家一级重点保护野生动物。

070 黑鹳 *Ciconia nigra*

鹳形目 Ciconiiformes	鹳科 Ciconiidae	鹳属 *Ciconia*
别称：乌鹳、黑老鹳、黑巨鹳、锅鹳	英文名：Black Stork	

【形态特征】体长：雄鸟1000～1110mm，雌鸟1050～1172mm。大型涉禽，头、颈、脚较长。通体墨绿色，远观为黑色，胸、腹部白色；喙红色，长而直；眼周裸红色，虹膜褐黑色；脚红色。

【生活习性】主要取食各种小型鱼类，也取食蛙、虾、蟹、软体动物和一些昆虫。常单独或成对活动。飞行时既能扇动两翅，也能两翅平伸不动，在高空盘旋。性机警、胆小。

【生　　境】喜活动于大型湖泊、沼泽、河域，繁殖于崖壁或高树。

【分　　布】国内见于除西藏外各地，繁殖于华北及东北地区，越冬于长江以南地区。

【鸣　　声】通常不叫，但能用上下喙迅速叩击发出“da、da、da”的响声。

【受威胁和保护等级】LC无危（IUCN，2017）；VU易危（中国生物多样性红色名录——脊椎动物卷，2020）；CITES附录II（2023）；国家一级重点保护野生动物。

071 东方白鹳
Ciconia boyciana

鹳形目 Ciconiiformes	鹳科 Ciconiidae	鹳属 *Ciconia*
别称：白鹳、老鹳、水老鹳	英文名：Oriental Stork	

【形态特征】体长：雄鸟1170～1275mm，雌鸟1110～1210mm。大型涉禽。体羽白色，肩羽较长，飞羽黑色；喙黑色，眼周红色，虹膜蛋青色；脚红色。

【生活习性】主要取食鱼、蛙、蛇和昆虫等小型动物。性机警，胆怯，常远离人群，时时警惕四周。非繁殖期常集成数十只至上百只的大群。寻食时多成对或成小群。休息时常单腿或双腿站立，颈缩成“S”形。

【生　　境】喜栖息于开阔的河流、湖泊和沼泽地带。

【分　　布】国内繁殖于东北地区，越冬于长江中下游湖泊。

【鸣　　声】通过上下喙急速啪打，发出“da、da、da”的喙响声。

【受威胁和保护等级】EN濒危（IUCN，2018）；EN濒危（中国生物多样性红色名录——脊椎动物卷，2020）；CITES附录Ⅰ（2023）；国家一级重点保护野生动物。

072 白琵鹭
Platalea leucorodia

鹈形目 Pelecaniformes	鹮科 Threskiorothidae	琵鹭属 *Platalea*
别称：蓖鹭、等盘子、琵琶鹭、琵琶嘴鹭	英文名：Eurasian Spoonbill	

【形态特征】体长：雄鸟800～870mm，雌鸟740～860mm。体型较大白鹭小些。体羽白色，具丝状冠羽；嘴黑色，长而扁平，端部似琵琶，形成圆铲形，且颜色变淡；虹膜黄色；脚黑色。

【生活习性】主要取食小鱼、蝌蚪、蠕虫、蜗牛、水生昆虫及昆虫幼虫。觅食姿态特殊，在浅水间用琵琶形的长嘴从一侧划向另一侧，边划边缓慢前进，来寻找食物。常集成几十只的大群活动。

【生　　境】喜活动于开阔的平原、溪流、湖泊、入海口。

【分　　布】国内繁殖于东北、内蒙古至新疆西北部地区；越冬于长江流域及以南地区，包括台湾和海南。

【鸣　　声】繁殖期间发出似小猪的“un-ung”声；平时几乎不发声。

【受威胁和保护等级】LC无危（IUCN，2016）；NT近危（中国生物多样性红色名录——脊椎动物卷，2020）；CITES附录II（2023）；国家二级重点保护野生动物。

073 大麻鳽 *Botaurus stellaris*

鹈形目 Pelecaniformes	鹭科 Ardeidae	麻鳽属 *Botaurus*
别称：大水骆驼、蒲鸡、大麻鹭	英文名：Eurasian Bittern	

【形态特征】体长：雄鸟640～760mm，雌鸟590～710mm。体较大；体羽黄褐色，具黑纵纹，具黑色颊纹和喉纹；喙暗黄绿色，虹膜黄色；脚黄绿色。

【生活习性】主要取食鱼、螺、虾、蟹、蛙及水生昆虫。多单只活动。不善飞行。遇人时，喙向上伸，静立模拟枯苇状。性隐蔽，夜行性。

【生　　境】喜栖息于芦苇丛、草丛和沼泽地中。

【分　　布】国内除青藏高原外广泛分布，繁殖于东北、华北及西北地区，越冬于秦岭以南（华北地区有少量越冬记录）。

【鸣　　声】发出低沉的"wu-qu"声。

【受威胁和保护等级】LC无危（IUCN，2016）；LC无危（中国生物多样性红色名录——脊椎动物卷，2020）；中国三有保护鸟类；河北省重点保护鸟类。

074 黄斑苇鳽 *Ixobrychus sinensis*

鹈形目 Pelecaniformes	鹭科 Ardeidae	苇鳽属 *Ixobrychus*
别称：水骆驼、小老等、黄小鹭	英文名：Yellow Bittern	

【形态特征】体长：雄鸟300～360mm，雌鸟300～370mm。飞羽黑色；上体浅褐色，后颈部、背部黄褐色；头顶黑色，喙黄褐色，虹膜黄色；腹部、下体土黄色；脚黄绿色。

【生活习性】主要取食鱼、蛙、虾及水生昆虫。性隐蔽，晨昏活跃。常沿水面掠飞。

【生　　境】喜栖息于湖泊、水库附近的稻田、芦苇丛、滩涂及沼泽地等。

【分　　布】国内除西部地区外广泛分布。

【鸣　　声】通常无声，飞行时发出略微刺耳的断续“kakak-kakak”声。

【受威胁和保护等级】LC无危（IUCN，2016）；LC无危（中国生物多样性红色名录——脊椎动物卷，2020）；中国三有保护鸟类；河北省重点保护鸟类。

075 紫背苇鳽
Ixobrychus eurhythmus

鹈形目 Pelecaniformes	鹭科 Ardeidae	苇鳽属 *Ixobrychus*
别称：水骆驼、秋鸦、秋小蛋	英文名：Schrenck's Bittern	

【形态特征】体长：雄鸟295～365mm，雌鸟300～375mm。颜色较鲜艳；上体紫栗色，头顶栗褐色，喙黄色，虹膜黄色；喉至胸部有一条栗褐色线；下体棕白色；胸侧具黑白点斑；脚黄绿色。

【生活习性】主要取食鱼、虾和水生昆虫。常单独或结3～5只小群活动。性隐蔽，晨昏活跃。

【生　　境】喜栖息于水库和山脚边的稻田、芦苇丛、滩涂及沼泽草地等。

【分　　布】国内分布于东部及南部地区。

【鸣　　声】繁殖交配期常发出近似“gup-gup-gup”的鸣叫声。

【受威胁和保护等级】LC无危（IUCN，2016）；LC无危（中国生物多样性红色名录——脊椎动物卷，2020）；中国三有保护鸟类；河北省重点保护鸟类。

076 栗苇鳽
Ixobrychus cinnamomeus

鹈形目 Pelecaniformes	鹭科 Ardeidae	苇鳽属 *Ixobrychus*
别称：小水骆驼、独春鸟、榄鸿、栗小鹭	英文名：Cinnamon Bittern	

【形态特征】体长：雄鸟320～370mm，雌鸟330～370mm。上体、飞羽栗红色；喙黄褐色，虹膜橙黄色；喉至胸部有一道黑线；下体栗褐色；胸侧具黑白色点斑；脚黄绿色。

【生活习性】主要取食小鱼、蛙和昆虫，也食植物种子。常单独或少数几只集群活动。性隐蔽，晨昏活跃。

【生　　境】喜栖息于低海拔的芦苇丛、滩涂及沼泽草地等。

【分　　布】国内见于华北及以南地区，主要为夏候鸟；在华南南部、台湾及海南为冬候鸟或留鸟。

【鸣　　声】受惊起飞时发出“gua-gua”叫声，求偶时为低声的“kokokokoko”或“geg-geg”。

【受威胁和保护等级】LC无危（IUCN，2016）；LC无危（中国生物多样性红色名录——脊椎动物卷，2020）；中国三有保护鸟类；河北省重点保护鸟类。

077 夜鹭
Nycticorax nycticorax

鹈形目 Pelecaniformes	鹭科 Ardeidae	夜鹭属 *Nycticorax*
别称：水洼子、灰洼子、苍鳽、星苍鳽	英文名：Black-crowned Night-heron	

【形态特征】体长：雄鸟480～580mm，雌鸟470～560mm。头顶、后颈、上背部黑绿色，枕部有2～3枚狭长白色冠羽；额、眉纹白色，喙黑色，虹膜血红色；下体白色，翅及尾羽灰色；脚黄色。

【生活习性】食性较杂，以鱼、蛙、昆虫为主。夜行性强，白天常隐蔽在沼泽或灌丛间，晨昏或夜间活动。在树上繁殖。

【生　　境】喜栖息于低山农田、平川河坝、池塘、湖畔、沼泽地等。

【分　　布】国内广泛分布各地区。

【鸣　　声】鸣声粗粝、单调；发“kwok”或“gua”声。

【受威胁和保护等级】LC无危（IUCN，2016）；LC无危（中国生物多样性红色名录——脊椎动物卷，2020）；中国三有保护鸟类；河北省重点保护鸟类。

078 绿鹭 *Butorides striata*

鹈形目 Pelecaniformes	鹭科 Ardeidae	绿鹭属 *Butorides*
别称：鹭鸶、绿衰鹭、打鱼郎	英文名：Green-backed Heron	

【形态特征】体长：雄鸟430～440mm，雌鸟380～470mm。体型较小。冠羽明显、黑色，背部墨绿色具金属光泽；眼先至眼下具黑色线，喙绿黑色，虹膜黄色；肩、背部具蓝色的矛状羽；腹部灰褐色；脚黄绿色。

【生活习性】主要取食鱼、蛙、螺类和昆虫等。性孤独，常单独或结2～3只小群活动。有夜行性。

【生　　境】喜栖息于山间溪流、湖泊、滩涂及红树林中，立于河岸、海岸石头上。

【分　　布】国内遍布于东部、东南部、海南、台湾等地。

【鸣　　声】发出响亮具爆破音的“kweuk”声或一连串的“kee-kee-kee-kee”声。

【受威胁和保护等级】LC无危（IUCN，2019）；LC无危（中国生物多样性红色名录——脊椎动物卷，2020）；中国三有保护鸟类；河北省重点保护鸟类。

079 池鹭 *Ardeola bacchus*

鹈形目 Pelecaniformes	鹭科 Ardeidae	池鹭属 *Ardeola*
别称：红毛鹭、红头鹭鸶、沙鹭、沼鹭、田螺鹭		英文名：Chinese Pond Heron

【形态特征】体长：雄鸟 470～540mm，雌鸟 370～470mm。体羽灰白色为主，具长而明显的冠羽；头部栗红色，喙黄色，虹膜黄色、端部黑；前胸赤褐色，背部蓑羽黑褐色；脚暗黄色。

【生活习性】主要取食动物性食物，包括鱼、虾、螺、蛙、水生昆虫、蝗虫等，也取食少量植物性食物。常结小群活动。较大胆，多白天活动。在树上繁殖。

【生　　境】喜栖息于池塘、湖畔、沼泽及稻田等地。

【分　　布】国内分布广泛，长江以北多为夏候鸟，以南则为冬候鸟。

【鸣　　声】发出低沉的“gua-gua”叫声。

【受威胁和保护等级】LC 无危（IUCN，2016）；LC 无危（中国生物多样性红色名录——脊椎动物卷，2020）；中国三有保护鸟类；河北省重点保护鸟类。

080 牛背鹭
Bubulcus coromandus

鹈形目 Pelecaniformes	鹭科 Ardeidae	牛背鹭属 *Bubulcus*
别称：黄头鹭、畜鹭、放牛郎	英文名：Cattle Egret	

【形态特征】体长：雄鸟 500～535mm，雌鸟 480～521mm。体型较小。全身白色，头部和颈部具橙黄色繁殖羽，胸部略带杏黄色蓑羽；颈粗短；喙厚，皮黄色，幼鸟黑色；脚黑色。

【生活习性】主要取食鱼、虾、两栖类和昆虫，常停在牛背上寻食畜毛间的虱类，有时也会取食少量草籽和谷粒。常成对或结小群活动。有落牛背上的习性。

【生　　境】喜栖息于荒野、耕地、稻田、牧场和沼泽地，或依牛群生活。

【分　　布】国内除东北和西北外广泛分布。

【鸣　　声】偶发出“gua-gua”叫声，一般寂静无声。

【受威胁和保护等级】LC 无危（IUCN，2016）；LC 无危（中国生物多样性红色名录——脊椎动物卷，2020）；中国三有保护鸟类；河北省重点保护鸟类。

081 苍鹭
Ardea cinerea

鹈形目 Pelecaniformes	鹭科 Ardeidae	鹭属 *Ardea*
别称：老等、灰老等、青庄、灰鹭、灰鹭鸶、捞鱼鹳		英文名：Grey Heron

【形态特征】体长：雄鸟 750～1052mm，雌鸟 750～1000mm。全身青灰色；前额、冠羽和颈白色，枕黑色，颈羽长矛状，具一道黑色纵纹；喙淡黄，虹膜黄色；下体白色；脚棕黑色。

【生活习性】主要取食鱼类，也食虾、水生昆虫、陆生昆虫、蛙类和鼠类。常单独或成对站在浅水处，颈缩至两肩之间，腿常缩起一只于腹下。性机警，飞行缓慢，能长时间等候，故俗称“灰老等”。

【生　　境】喜栖息于低山和平原地区的沼泽、池塘、海岸、湖泊及稻田中。

【分　　布】国内广泛分布。

【鸣　　声】鸣声低沉，单音节，无明显变化。

【受威胁和保护等级】LC 无危（IUCN，2019）；LC 无危（中国生物多样性红色名录——脊椎动物卷，2020）；中国三有保护鸟类；河北省重点保护鸟类。

082 草鹭
Ardea purpurea

鹈形目 Pelecaniformes	鹭科 Ardeidae	鹭属 *Ardea*
别称：紫鹭、花窖马、长脖老	英文名：Purple Heron	

【形态特征】体长：雄鸟830～1016mm，雌鸟840～970mm。体型较苍鹭更瘦些。全身栗色，顶冠黑色，具两条长饰羽；喙浅黄色，虹膜黄色；颈细长，颈侧具黑色纵纹；飞羽黑色；肩羽红褐色；下体黑色；脚黄色。

【生活习性】主要取食鱼、虾、青蛙和昆虫。常结成3～5只的小群在水边活动。胆小怕人。喜欢浓密的芦苇荡。

【生　　境】喜栖息于沼泽、池塘、海岸、湖泊、稻田等地。

【分　　布】国内遍布我国东部及东南部；繁殖于东北、华北，越冬于华南至西南地区。

【鸣　　声】发出粗哑的“gua-gua”叫声。

【受威胁和保护等级】LC无危（IUCN，2019）；LC无危（中国生物多样性红色名录——脊椎动物卷，2020）；中国三有保护鸟类；河北省重点保护鸟类。

083 大白鹭 *Ardea alba*

鹈形目 Pelecaniformes	鹭科 Ardeidae	鹭属 *Ardea*
别称：风漂公子、白漂鸟、白长脚鹭鸶、雪客、白老冠		英文名：Great Egret

【形态特征】体长：雄鸟 900～1780mm，雌鸟 820～942mm。体较大型，颈长且弯曲；全身白色，下背部有蓑羽；喙裂过眼，喙黄色，在繁殖期黑色，虹膜黄色；脚黑色。

【生活习性】主要取食鱼、蛙、田螺、水生昆虫等。常白天活动，单个或结成小群，有时与白鹭混群。

【生　　境】喜栖息于湖泊、水塘、河流、海岸、稻田和沼泽地。

【分　　布】国内广泛分布于各地区，繁殖于长江以北大部分地区，越冬于华南南部和西南。

【鸣　　声】繁殖时发出“gua-gua“叫声，其余时间寂静无声。

【受威胁和保护等级】LC 无危（IUCN，2016）；LC 无危（中国生物多样性红色名录——脊椎动物卷，2020）；中国三有保护鸟类；河北省重点保护鸟类。

084 中白鹭
Ardea intermedia

鹈形目 Pelecaniformes	鹭科 Ardeidae	鹭属 *Ardea*
别称：春锄	英文名：Intermediate Egret	

【形态特征】体长：雄鸟550～796mm，雌鸟690～700mm。体型大于白鹭，小于大白鹭。体羽白色，颈弯曲；繁殖期上胸和下背具衰羽；喙裂不过眼，喙黄色，在繁殖期黑色；眼先黄色，虹膜黄色；脚黑色。

【生活习性】主要取食鱼类、蛙类和昆虫等。常结小群在稻田或溪边活动，常与大白鹭、白鹭、牛背鹭等混群。

【生　　境】喜栖息于湖泊、水塘、稻田、海岸、滩涂及沼泽地。

【分　　布】国内主要见于华北及以南地区，多为夏候鸟，于华南南部为冬候鸟。

【鸣　　声】繁殖时发出“gua-gua”叫声，其余时间寂静无声。

【受威胁和保护等级】LC无危（IUCN，2020）；LC无危（中国生物多样性红色名录——脊椎动物卷，2020）；中国三有保护鸟类；河北省重点保护鸟类。

085 白鹭
Egretta garzetta

鹈形目 Pelecaniformes	鹭科 Ardeidae	白鹭属 *Egretta*
别称：白鹭鸶、春锄、白鸟、小白鹭、白鹤	英文名：Little Egret	

【形态特征】体长：雄鸟584～642mm，雌鸟510～600mm。个体小。全身白色，繁殖期枕部具两根长矛状冠羽，背部衰羽常长过尾；嘴黑色，但冬季下嘴变黄，虹膜黄色；脚黑色，趾黄绿色。

【生活习性】主要取食鱼苗、泥鳅、蚯蚓、青蛙、昆虫及其幼虫，也取食植物性食物。常集小群活动。常与夜鹭、池鹭、牛背鹭等集群营巢于阔叶林或杉林的树冠处。在树上栖止时常呈缩头驼背状。白鹭及其他一些鹭类常有利用旧巢的习性。

【生　　境】喜栖息于低海拔的湖泊、水塘、稻田、海岸、沼泽及滩涂地。

【分　　布】国内广布，常见于华北、华中及以南地区，长江以北地区多为夏候鸟，长江以南为冬候鸟或留鸟。

【鸣　　声】繁殖巢群中发出“gua-gua”叫声，飞行时会发出深沉而连续的“gu-gu”“ga-ga”声，其余时间寂静无声。

【受威胁和保护等级】LC无危（IUCN，2016）；LC无危（中国生物多样性红色名录——脊椎动物卷，2020）；中国三有保护鸟类；河北省重点保护鸟类。

086 普通鸬鹚

Phalacrocorax carbo

鲣鸟目 Suliformes	鸬鹚科 Phalacrocoracidae	鸬鹚属 *Phalacrocorax*
别称：海鹈、水老鸹、鱼老鸹、乌鬼、黑鱼郎、鱼鹰		英文名：Great Cormorant

【形态特征】体长：雄鸟770～850mm，雌鸟720～830mm。全身黑色，具有绿褐色金属光泽；头后常有丝状白羽；喙灰黑，虹膜红色；下胁具白斑；脚黑绿色。

【生活习性】主要捕鱼为食。喜结群。善于游泳和潜水，一般可潜水1～3m。飞行很低，掠过水面；飞行时颈和脚等均伸直，似水鸭。休息时常张开翅晾晒羽毛。

【生　　境】喜栖息于各类宽阔的水域，如池塘、湖泊等。

【分　　布】国内广布，多为北方地区夏候鸟，南方地区冬候鸟或留鸟。

【鸣　　声】叫声粗暴，略似“ka-la，ka-la”。

【受威胁和保护等级】LC无危（IUCN，2018）；LC无危（中国生物多样性红色名录——脊椎动物卷，2020）；中国三有保护鸟类；河北省重点保护鸟类。

087 黄脚三趾鹑
Turnix tanki

鸻形目 Charadriiformes	三趾鹑科 Turnicidae	三趾鹑属 *Turnix*
别称：水鹌鹑、黄地闷子、三爪爬	英文名：Yellow-legged Buttonquail	

【形态特征】体长：雄鸟125～175mm，雌鸟135～180mm。形似鹌鹑。下颈和颈侧形成栗红色领环；喙黄色，端部黑色，虹膜淡黄或灰褐色；胸部棕栗色，胸侧及两胁具黑褐色圆点斑；中央尾羽延长成尖形；脚黄色，爪黑色。

【生活习性】食性杂，取食植物的种子、甲虫、蝗虫、蚂蚁、蜂、蝇、蜘蛛、蜗牛等。

【生　　境】喜栖息于低山丘陵及山脚平原灌丛、草地、农田、果园、菜园及河流和湖泊的滩地。

【分　　布】国内繁殖于长江中下游及以北地区；在华南及西南为旅鸟或冬候鸟，少数为留鸟。

【鸣　　声】不善鸣叫，叫声如牛哞，悠长沉闷。

【受威胁和保护等级】LC无危（IUCN，2016）；LC无危（中国生物多样性红色名录——脊椎动物卷，2020）。

088 蛎鹬 *Haematopus ostralegus*

鸻形目 Charadriiformes	蛎鹬科 Haematopodidae	蛎鹬属 *Haematopus*
别称：蛎鸻、海喜鹊、水鸡、红嘴高的	英文名：Eurasian oystercatcher	

【形态特征】体长：雄鸟430～470mm，雌鸟500～502mm。体型较大于鸻鹬，体羽黑白二色；头部、颈、前胸、背部黑色；翼黑色，具大白斑；腰部及尾上覆羽白色，胸部以下白色；喙橙红色，粗长，末端钝，虹膜红色；脚红色。

【生活习性】主要取食牡蛎、贻贝、昆虫、小鱼、虾和蟹。一雌一雄制，配偶牢固。寿命长，可超过20年。具有强烈的护巢和恋巢行为；当人接近巢区，亲鸟会在空中不停地旋飞，并发出尖利的鸣叫，有时还会佯装受伤，一瘸一拐地表演，吸引入侵者的注意力。

【生　　境】常栖息于多岩石或沙滩的沿海海岸、入海口、岛屿、内陆湖泊、农田、河谷浅滩等。

【分　　布】国内见于东北、华北、华南和西北等地。

【鸣　　声】可发出尖锐、快速的“wei-wei”声。

【受威胁和保护等级】NT近危（IUCN，2019）；LC无危（中国生物多样性红色名录——脊椎动物卷，2020）；中国三有保护鸟类；河北省重点保护鸟类。

089 反嘴鹬 *Recurvirostra avosetta*

鸻形目 Charadriiformes	反嘴鹬科 Recurvirostridae	反嘴鹬属 *Recurvirostra*
别称：反嘴鸻	英文名：Pied Avocet	

【形态特征】体长：雄鸟410～450mm，雌鸟395～440mm。体羽黑白两色；额、头顶、枕至后颈上部黑色；面颊、颊至前颈、背、腰、尾上覆羽、尾羽及下体全部为白色；外侧初级飞羽、翼上中覆羽和外侧小覆羽黑色，肩羽大部分黑色；喙黑色，细长，明显上翘，虹膜红褐色；脚蓝灰色。

【生活习性】取食昆虫、软体动物、甲壳类等小型无脊椎动物。觅食时喙在水中左右扫动。常集大群活动。飞行较低，可长距离迁徙。

【生　　境】喜栖息于平原和荒漠地区的湖泊、浅滩、沼泽、海岸、农田、鱼塘等。

【分　　布】国内广布，北方为夏候鸟，南方为冬候鸟。

【鸣　　声】发出尖锐响亮的哨声“wii-wii”。

【受威胁和保护等级】LC无危（IUCN，2020）；LC无危（中国生物多样性红色名录——脊椎动物卷，2020）；中国三有保护鸟类；河北省重点保护鸟类。

090 黑翅长脚鹬
Himantopus himantopus

鸻形目 Charadriiformes	反嘴鹬科 Recurvirostridae	长脚鹬属 *Himantopus*
别称：黑翅高跷，高跷鸻，长腿娘子	英文名：Black-winged Stilt	

【形态特征】体长：雄鸟350～400mm，雌鸟295～370mm。体白色，头顶和翅黑色，尾羽灰褐色；喙细长而直，黑色，鼻沟不超喙长之半，虹膜红色；脚红色，胫和跗跖部特别细长，跗跖部长度超过中趾（连爪）长度的2倍；足仅三趾。

【生活习性】主要取食昆虫、软体动物、蠕虫和水生植物的种子。常站在水中将喙和头插入水中觅食。多集小群活动，有时近百只。

【生　　境】多栖息于内陆平原地区的湖泊、河畔、沼泽、海岸、农田。

【分　　布】国内广泛分布于各地区，部分个体夏季繁殖于东北、西北地区，南方部分地区有个体越冬。

【鸣　　声】受惊起飞时常发出“ki-ki-ki-ki-ki”的尖锐叫声。

【受威胁和保护等级】LC无危（IUCN，2016）；LC无危（中国生物多样性红色名录——脊椎动物卷，2020）；中国三有保护鸟类；河北省重点保护鸟类。

091 凤头麦鸡 *Vanellus vanellus*

鸻形目 Charadriiformes	鸻科 Charadriidae	麦鸡属 *Vanellus*
别称：小辫鸻、癞鸡毛子、田鸡、田凫、北方麦鸡		英文名：Northern Lapwing

【形态特征】体长：雄鸟 305～335mm，雌鸟 290～330mm。体中等，具翘曲的黑色长羽冠。上体、翼面黑色略带绿光；喙黑色，短而尖，虹膜暗褐色；飞羽黑色；尾羽基部具宽大白斑和黑色次端斑；喉至胸部黑色；腹部白色；尾下红棕色；脚红色或橙栗色，具后趾。

【生活习性】主要取食昆虫、软体动物、小鱼、杂草种子和叶片等。迁徙时常结成大群，可达数百只。飞行姿势似蝴蝶，振翅较缓慢。占区性极强，好斗。

【生　　境】喜栖息于低山丘陵、平原、沼泽、草地、水塘、农田、河滩和盐碱地等。

【分　　布】国内广泛分布于各地，北方地区常见夏候鸟，南方地区较常见冬候鸟。

【鸣　　声】常发出清脆的“zi-wei-wei”声。

【受威胁和保护等级】NT 近危（IUCN，2016）；LC 无危（中国生物多样性红色名录——脊椎动物卷，2020）；中国三有保护鸟类。

092 灰头麦鸡 *Vanellus cinereus*

鸻形目 Charadriiformes	鸻科 Charadriidae	麦鸡属 *Vanellus*
别称：海和尚、跳凫、跳鸻	英文名：Grey-headed Lapwing	

【形态特征】体长：雄鸟、雌鸟 320～370mm。体中等，雌雄相似。头、颈部灰色，背羽淡橘褐色；喙黄色，端部黑色，眼先具黄色肉垂，虹膜红黄色；尾上覆羽白色，尾羽白色，具黑色的宽次端斑；初级飞羽黑色，次级飞羽白色；颊、喉及胸部烟灰褐色，胸下缘形成黑褐色半圆形斑；下体其余白色；脚黄色，后趾小。

【生活习性】主要取食昆虫、水蛭、螺类、水草及杂草杆等。多成对或结小群活动。

【生　　境】喜活动于开阔的低山丘陵、平原、耕地、草地、沼泽、水塘、农田等地。

【分　　布】国内除新疆和西藏外见于各地，为北方地区夏候鸟，越冬于南方地区。

【鸣　　声】常发出连续而响亮的“ji-ji-ji-ji”声。

【受威胁和保护等级】LC无危（IUCN，2016）；LC无危（中国生物多样性红色名录——脊椎动物卷，2020）；中国三有保护鸟类。

093 金鸻
Pluvialis fulva

鸻形目 Charadriiformes	鸻科 Charadriidae	斑鸻属 *Pluvialis*
别称：金斑鸻、太平洋金斑鸻、金背子、黑胸鸻、黑襟鸻		英文名：Pacific Golden Plover

【形态特征】体长：雄鸟209～260mm，雌鸟210～250mm。初级飞羽凸出，三级飞羽仅3枚以内。喙黑色，喙直，端部膨大呈矛状；虹膜暗褐色；脚灰黑色，后趾缺如。

【生活习性】主要取食昆虫、软体动物、甲壳动物等。喜结小群活动。善于在地上疾走。飞行迅速而敏捷，极善于跨洋长途迁徙。

【生　　境】喜栖居于河岸、水塘、盐田、稻田、沼泽、河滩、海岸等处。

【分　　布】国内见于各地，为大多地区旅鸟，在东南地区，包括海南和台湾，有部分个体越冬。

【鸣　　声】叫声清晰而尖厉，单个或双音哨音“chi-vit”或“tu-ee”。

【受威胁和保护等级】LC无危（IUCN，2017）；LC无危（中国生物多样性红色名录——脊椎动物卷，2020）；中国三有保护鸟类。

094 灰鸻
Pluvialis squatarola

鸻形目 Charadriiformes	鸻科 Charadriidae	斑鸻属 *Pluvialis*
别称：斑鸻、灰斑鸻、黑肚鸻	英文名：Grey Plover	

【形态特征】体长：雄鸟280～320mm，雌鸟255～315mm。繁殖期，眼先、颊、颏、喉至腹部浓黑色；额和眼上方沿颈侧至胸侧有一条白带；喙黑色，直，端部膨大呈矛状；虹膜暗褐色；上体黑褐色，杂以灰白色斑；腋羽黑色；尾羽白色具淡黑褐色横斑。非繁殖期，两颊、颈侧和胸部具浅黑褐色纵纹，下体余部白色；脚黑色，具弱小后趾。

【生活习性】主要取食昆虫、小鱼、虾、牡蛎等小动物。觅食时重复“快跑—停顿—搜索—吞食”的模式，飞行速度较快，飞行时脚不伸出尾外。常与其他斑鸻混群。

【生　　境】喜栖息于河岸、河口、水塘、沼泽、海岸、湖岸、草地等。

【分　　布】国内见于各地，为我国大多地区旅鸟，东南沿海地区有部分越冬。

【鸣　　声】有时发出响亮的金属音“wei-wei-wei”声。

【受威胁和保护等级】LC无危（IUCN，2019）；LC无危（中国生物多样性红色名录——脊椎动物卷，2020）；中国三有保护鸟类。

095 剑鸻 *Charadrius hiaticula*

鸻形目 Charadriiformes	鸻科 Charadriidae	鸻属 *Charadrius*
别称：环颈鸻	英文名：Commun Ringed Plover	

【形态特征】体长：雄鸟 184～232mm，雌鸟 185～242mm。额基部黑色；头上部的黑色条带与灰褐色之间无白色条纹；具白色颈圈和完整的黑色胸带；飞行时翼上具较宽的白色横纹；喙端1/3黑色、后2/3橙黄色，非繁殖期仅下喙基黄色，虹膜暗褐色；脚橙黄色，外趾与中趾之间明显具蹼，内趾与中趾之间无。

【生活习性】单独或集小群活动。性机警，不易接近。

【生　　境】喜栖息于河流、湖泊、海岸、农田、水塘，尤喜泥质地域。

【分　　布】国内分布于东北、北京、河北、广东、广西、西藏、青海；偶抵香港、台湾（迷鸟）。

【鸣　　声】有时发出响亮的金属音“jiuwei–jiuwei”声。

【受威胁和保护等级】LC 无危（IUCN，2016）；LC 无危（中国生物多样性红色名录——脊椎动物卷，2020）。

096 长嘴剑鸻

Charadrius placidus

鸻形目 Charadriiformes	鸻科 Charadriidae	鸻属 *Charadrius*
别称：长嘴鸻	英文名：Long- billed Plover	

【形态特征】体长：雄鸟190～210mm，雌鸟190～225mm。上体灰褐色，额基、颊、喉、前颈白色；眉纹白色，耳羽黑褐色，喙黑色，明显长于其他相似种，虹膜褐色；头顶前部具黑色带斑；后颈的白色领环延伸至胸前，其下是一黑色胸带；下体余部白色；脚暗黄色。

【生活习性】主要取食昆虫、蜘蛛、小虾、淡水螺、植物碎片和细根等。多单个或结3～5只小群活动。

【生　　境】喜活动于河流、湖泊、海岸、沼泽、河滩、水塘，尤喜砾石水域。

【分　　布】国内除新疆外见于各地。

【鸣　　声】有时发出响亮的金属音“li-lili”声。

【受威胁和保护等级】LC无危（IUCN，2016）；NT近危（中国生物多样性红色名录——脊椎动物卷，2020）；中国三有保护鸟类。

097 金眶鸻
Charadrius dubius

鸻形目 Charadriiformes	鸻科 Charadriidae	鸻属 *Charadrius*
别称：黑领鸻、小环颈鸻	英文名：Little Ringed Plover	

【形态特征】体长：雄鸟、雌鸟150～180mm。体较小。上体棕褐色，下体白色；额基具黑纹，并经眼先和眼周伸至耳羽处形成黑色穿眼纹；眼眶金黄色，虹膜暗褐色；前额、眉纹白色；头顶前部具黑色宽斑；黑色领环完整；喙黑色；脚橙黄色。

【生活习性】主要取食动物性食物，如昆虫、蜘蛛、螺类、小鱼、蝌蚪等，也少食草籽等植物性食物。觅食时走走停停，动作较快。单个或成对活动。喜好多砾石的河滩和水田等地。

【生　　境】喜栖息于河流、湖泊、海岸、水塘、沼泽、盐碱滩等地，尤喜泥质地域。

【分　　布】国内见于各地，为我国中、北部常见夏候鸟，南方地区常见冬候鸟。

【鸣　　声】飞行时发出清晰而柔和的拖长降调哨音“pee-oo”。

【受威胁和保护等级】LC无危（IUCN，2016）；LC无危（中国生物多样性红色名录——脊椎动物卷，2020）；中国三有保护鸟类。

098 环颈鸻 *Charadrius alexandrinus*

鸻形目 Charadriiformes	鸻科 Charadriidae	鸻属 *Charadrius*
别称：白颈鸻、白领鸻、东方环颈鸻	英文名：Kentish Plover	

【形态特征】体长：雄鸟155～170mm，雌鸟150～174mm。额与眉纹白色。雄鸟头顶前部具黑色带斑，头顶后部、后颈灰沙褐色，后颈具白领圈；胸侧的黑斑不在胸前汇合成胸带；飞羽和尾羽黑褐色；下体余部白色；喙黑色，细而直，虹膜褐色；脚黑色。雌鸟灰褐色或褐色取代雄鸟是黑色的部分。

【生活习性】食性复杂，如小型甲壳类、软体动物、昆虫、蠕虫等，也食植物的种子、叶片和藻类等。常单独或集3～5只小群活动。

【生　　境】喜栖息于河流、湖泊、海岸、盐田、水塘、沙滩、盐碱滩、沼泽等地，尤喜泥质地域。

【分　　布】国内见于各地，为我国大部分地区候鸟。

【鸣　　声】发出重复的轻柔单音节升调叫声“pik”。

【受威胁和保护等级】LC无危（IUCN，2016）；LC无危（中国生物多样性红色名录——脊椎动物卷，2020）；中国三有保护鸟类。

099 蒙古沙鸻 *Charadrius mongolus*

鸻形目 Charadriiformes	鸻科 Charadriidae	鸻属 *Charadrius*
别称：蒙古鸻，短嘴沙子鸻，小沙鸻	英文名：Lesser Sand Plover	

【形态特征】体长：雄鸟 180～195mm，雌鸟 180～196mm。上体灰褐色；下体，包括颊、喉、前颈、腹部白色；黑色穿眼纹抵耳部和眼前；后颈与胸部棕红色，雄鸟胸部上缘或有黑色细纹；喙黑色，端部明细膨胀，虹膜黑褐色；脚暗灰绿色。

【生活习性】主要取食软体动物和昆虫。冬季集大群或混合群活动。

【生　　境】喜栖息于河流、湖泊、海岸、水田、盐田、水塘，尤喜泥质地域。

【分　　布】国内见于新疆、西藏、青海和整个中东部地区。

【鸣　　声】有时发出快速而连续的金属音“siwei-siwei”声。

【受威胁和保护等级】LC 无危（IUCN，2016）；LC 无危（中国生物多样性红色名录——脊椎动物卷，2020）；中国三有保护鸟类；河北省重点保护鸟类。

100 铁嘴沙鸻 *Charadrius leschenaultii*

鸻形目 Charadriiformes	鸻科 Charadriidae	鸻属 *Charadrius*
别称：大头哥、大嘴沙子鸻、铁嘴鸻	英文名：Greater Sand Plover	

【形态特征】体长：雄鸟195～227mm，雌鸟190～226mm。上体暗沙色，下体白色；喙较长、黑色，额白色，额上部有一黑色横带横跨于两眼之间；胸栗棕红色，飞翔时白色翼带明显；虹膜暗褐色，喙黑色；腿和脚灰色，或常带有肉色或淡绿色。

【生活习性】主要以软体动物、小虾、昆虫、淡水螺类、杂草等为食。常成2～3只的小群活动，偶尔也集成大群。奔跑迅速，行动谨慎小心。

【生　　境】栖息于海滨、河口、内陆湖畔、滩地、沼泽等处。

【分　　布】国内大多地区均有分布。

【鸣　　声】起飞时作低柔的颤音“trrrt”。

【受威胁和保护等级】LC无危（IUCN，2019）；LC无危（中国生物多样性红色名录——脊椎动物卷，2020）。

101 东方鸻
Charadrius veredus

鸻形目 Charadriiformes	鸻科 Charadriidae	鸻属 *Charadrius*
别称：东方红胸鸻、红胸鸻	英文名：Oriental Plover	

【形态特征】体长：雄鸟220～250mm，雌鸟215～250mm。繁殖期雄鸟的额、眼上、面颊和颈白色；上体，包括头顶和枕部土褐色；喙黑色，虹膜褐色；胸部栗红色，下缘有较宽阔的黑色环斑；腹部白色；展翅时翼下色暗；脚黄粉色。

【生活习性】主要取食甲壳类、昆虫等。

【生　　境】喜栖息于干旱平原、沼泽、草地、河岸、耕地和砾石平原等。

【分　　布】国内东北地区夏候鸟，迁徙时见于东部各地，少数个体至台湾越冬。

【鸣　　声】有时发出响亮的金属音“ji-ji”声。

【受威胁和保护等级】LC无危（IUCN，2016）；LC无危（中国生物多样性红色名录——脊椎动物卷，2020）；中国三有保护鸟类。

102 彩鹬
Rostratula benghalensis

鸻形目 Charadriiformes	彩鹬科 Rostratula	彩鹬属 *Rostratula*
别称：玉鹬	英文名：Greater Painted-snipe	

【形态特征】体长：雄鸟225～260mm，雌鸟240～275mm。上体褐色，杂以淡色斑纹；前额至头顶中部具一条黄白色的冠形条纹；眼环、眼后斑均白色，明显；虹膜褐色；胸侧至肩、背部具白宽带；腹部白色；喙黄褐色，直而长，先端略下弯，端部稍膨胀；脚橄榄绿色，后趾弱小。

【生活习性】主要取食昆虫、软体动物和植物等。行为诡秘，喜欢在黎明和黄昏活动。

【生　　境】喜栖息于平原、丘陵中的芦苇塘、沼泽、池塘、水田和灌丛等。

【分　　布】国内繁殖于北至渤海地区、西至四川盆地的北部地区，长江以南为留鸟。

【鸣　　声】繁殖期常发出连续的“wu-wu-wu”声。

【受威胁和保护等级】LC无危（IUCN，2016）；LC无危（中国生物多样性红色名录——脊椎动物卷，2020）；中国三有保护鸟类；河北省重点保护鸟类。

103 中杓鹬

Numenius phaeopus

鸻形目 Charadriiformes	鹬科 Scolopacidae	杓鹬属 *Numenius*
别称：杓嘴鹬、杓鹬、中勺鹬	英文名：Whimbrel	

【形态特征】体长：雄鸟400～445mm，雌鸟370～470mm。体型中等。头顶黑褐色，中央冠纹色淡且狭细；眉纹宽，白色；穿眼纹灰褐色；虹膜黑褐色，喙细长，黑褐色，明显下弯；上体、翼面黑褐色，具黄或白色斑；下背部和腰部白色，缀褐斑；下体污白色，胸部具黑褐色纵纹；脚灰黑色。

【生活习性】食性杂，如蠕虫、小蟹、螺和杂草籽等；特别喜食蟹类，吞食前时常将蟹脚拆卸。觅食时会互相追逐。迁徙季节喜集群活动，编队飞行，鼓翼缓慢。

【生　　境】喜活动于海岸砾石、海岸湿地、内陆沼泽、河岸、盐湖及附近农田和干燥草地。

【分　　布】国内除西藏、云南和贵州外见于各地。

【鸣　　声】有时发出连续而高昂“ang-ang-ang”声，叫声呈升调。

【受威胁和保护等级】LC无危（IUCN，2016）；LC无危（中国生物多样性红色名录——脊椎动物卷，2020）；中国三有保护鸟类。

104 小杓鹬 *Numenius minutus*

鸻形目 Charadriiformes	鹬科 Scolopacidae	杓鹬属 *Numenius*
别称：小油老罐	英文名：Little Curlew	

【形态特征】体长：雄鸟 295～317mm，雌鸟 290～325mm。体型最小的杓鹬。头顶黑褐色，中央冠纹较细；穿眼纹黑褐色，眉纹淡黄色；虹膜黑褐色，喙黑褐色，明显下弯，下喙基部肉色；背部、肩羽黑色，羽缘斑淡黄色；前颈、胸部皮黄色，具黑褐色细条纹；腹部白色，两胁具黑褐色斑；脚灰色。

【生活习性】主要取食昆虫（如大蚂蚁、蝗虫）、蟹类、草籽、植物种子和浆果等。极少涉水。交配前表演会在空中飞出复杂的动作和弧线，并伴随敲鼓般的颤音。

【生　　境】喜栖息于湖边、海岸、沼泽附近的草地、岸边、农田。

【分　　布】国内见于从新疆至青海，以及东北和包括台湾在内的沿海地区。

【鸣　　声】有时发出单调的“gua-gua”声，每个音节末尾似儿化音。

【受威胁和保护等级】LC 无危（IUCN，2016）；NT 近危（中国生物多样性红色名录——脊椎动物卷，2020）；国家二级重点保护野生动物。

105 白腰杓鹬

Numenius arquata

鸻形目 Charadriiformes	鹬科 Scolopacidae	杓鹬属 *Numenius*
别称：麻鹬、白腰勺鹬	英文名：Eurasian Curlew	

【形态特征】体长：雄鸟530mm～620mm，雌鸟540mm～621mm。小型鹬，雌雄相似。体较粗壮；喙短，略下弯，褐色、基部和下颚黄褐色；虹膜褐色；繁殖羽头部灰色，头顶多褐色斑纹；胸部灰白色，多褐色斑纹；腹部白色，少斑纹；背部灰色，具黑色杂斑；脚灰色。非繁殖羽背部灰色，少斑纹。飞行时蹠趾不伸出尾后，腰部白色，尾羽末端灰色。

【生活习性】主要以甲壳类、软体动物、蠕虫、昆虫和昆虫幼虫为食，也啄食小鱼和蛙。常成小群活动。性机警，活动时步履缓慢稳重。

【生　　境】喜栖息于海岸、入海口、沿海滩涂、内陆湿地、沼泽等生境。

【分　　布】除西藏外国内广布。

【鸣　　声】有时发出尖锐而响亮的“zei-zei”声，似塑料的摩擦声。

【受威胁和保护等级】NT近危（IUCN，2017）；NT近危（中国生物多样性红色名录——脊椎动物卷，2020）；国家二级重点保护野生动物。

106 大杓鹬

Numenius madagascariensis

鸻形目 Charadriiformes	鹬科 Scolopacidae	杓鹬属 *Numenius*
别称：红背大勺鹬、红腰勺鹬、大鸲喽儿	英文名：Far Eastern Curlew	

【形态特征】体长：雄鸟550～640mm，雌鸟580～630mm。体大型，雌雄相似。体黄褐色；颈部、胸部、腹部、两肋、尾下覆羽皮黄色，密布黑褐色条纹；喙黑色，基部粉红色，虹膜褐色；飞行时翅下密布深褐色斑纹，腰部无白色；下腹具暗褐色条纹；脚灰色。

【生活习性】食物主要为甲壳类、软体动物、蠕形动物、昆虫和幼虫。常单独或成松散的小群活动和觅食。

【生　　境】喜栖息于沿海滩涂、潮间带河口、湖泊地带、海岸砾石、海岸湿地及干燥草地。

【分　　布】国内除云南、贵州、西藏、新疆外，各地均可见，繁殖于我国东北黑龙江流域，其他地区为旅鸟。

【鸣　　声】有时发出高昂而连续的“ang-ang-ang声”，似中杓鹬。

【受威胁和保护等级】EN濒危（IUCN，2016）；VU易危（中国生物多样性红色名录——脊椎动物卷，2020）；国家二级重点保护野生动物。

107 斑尾塍鹬
Limosa lapponica

鸻形目 Charadriiformes	鹬科 Scolopacidae	塍鹬属 *Limosa*	东北亚亚种 *baueri*
别称：斑尾鹬、鉬鹬	英文名：Bar-tailed Godwit		

【形态特征】体长：雄鸟326～385mm，雌鸟330～431mm。与黑尾塍鹬相似。雄鸟繁殖期头、颈部、胸部至腹部深棕栗色；尾具黑白相间的横斑；喙细长，基部粉色、端部黑色且略向上翘，虹膜暗褐色；腋羽褐色具白色窄横斑；腰白色，具杂斑；脚暗灰或蓝灰色。

【生活习性】主要取食甲壳类、软体动物和昆虫等。喜欢集小群活动。内陆地区罕见。

【生　　境】常栖息于沼泽、河口、海岸、水塘。

【分　　布】国内除西南外广泛分布。

【鸣　　声】有时发出单调而急促的“jiuwei–jiuwei”声。

【受威胁和保护等级】NT近危（IUCN，2016）；NT近危（中国生物多样性红色名录——脊椎动物卷，2020）；中国三有保护鸟类。

108 黑尾塍鹬
Limosa limosa

鸻形目 Charadriiformes	鹬科 Scolopacidae	塍鹬属 *Limosa*	指名亚种 *limosa*
别称：黑尾鹬、塍鹬	英文名：Black-tailed Godwit		

【形态特征】体长：雄鸟330～405mm，雌鸟280～400mm。繁殖期头、颈部和上胸部棕栗色，杂有黑褐色斑纹或无；眉纹乳白色，虹膜暗褐色，喙长而直，基部粉色，端部黑色；尾基部白色，具黑色宽端斑；腹白色，胸侧和胁部具黑褐色横斑；脚黑灰色。

【生活习性】主要取食水生昆虫及其幼虫、蚌类、谷粒和其他的植物种子等。稳定的一夫一妻制。

【生　　境】喜活动于潮湿的草地、荒地、沼泽、海岸、水塘。

【分　　布】国内除西藏外见于各地。

【鸣　　声】有时发出单调而急促的金属音“zei-zei”声。

【受威胁和保护等级】NT近危（IUCN，2016）；LC无危（中国生物多样性红色名录——脊椎动物卷，2020）；中国三有保护鸟类。

109 翻石鹬 *Arenaria interpres*

鸻形目 Charadriiformes	鹬科 Scolopacidae	翻石鹬属 *Arenaria*
别称：鸫鸻、猿滨鹬、翻石	英文名：Ruddy Turnstone	

【形态特征】体长：雄鸟180～239mm，雌鸟200～240mm。头部、前胸部具黑白相间花斑，似脸谱；喙黑色，短小、尖锐，虹膜暗褐色；繁殖期上背、肩、翼上覆羽赤褐色，具黑色带斑；腹部、胁部及尾下白色；初级飞羽和中央尾羽黑色；腿较短，脚橘红色。

【生活习性】主要取食小虾、昆虫、蜘蛛、甲壳类等，偶食杂草种子、小鱼和软体动物等。喜用灵巧的喙翻转石块，来寻找食物，所以称为翻石鹬。喜单独或集小群活动。

【生　　境】喜栖息于湖泊、沼泽、海岸、农田，尤喜海岸砾石地域。

【分　　布】国内见于各地。

【鸣　　声】有时发出连续的金属音“juwei-juwei”声。

【受威胁和保护等级】LC无危（IUCN，2019）；NT近危（中国生物多样性红色名录——脊椎动物卷，2020）；国家二级重点保护野生动物。

110 大滨鹬 *Calidris tenuirostris*

鸻形目 Charadriiformes	鹬科 Scolopacidae	滨鹬属 *Calidris*
别称：姥鹬、细嘴滨鹬	英文名：Great Knot	

【形态特征】体长：雄鸟270～295mm，雌鸟275～290mm。滨鹬中体型最大者。上体灰褐色；虹膜暗褐色，喙黑褐色、基部淡绿色；腰部、尾上覆羽白色；胸部具较多黑褐色条纹或斑点，似一条黑色胸带；下体白色；脚灰绿色或青灰色。

【生活习性】取食甲壳类、软体动物、螃蟹、昆虫和草籽等。可集成百上千只的大群。

【生　　境】喜海岸、入海口、海岸滩涂、水田、盐田和沼泽。

【分　　布】国内东部及北部沿海地区和台湾为旅鸟，东南沿海地区和海南岛为冬候鸟。

【鸣　　声】有时发出连续的金属哨音，似“guju-guju”声。

【受威胁和保护等级】EN濒危（IUCN，2019）；EN濒危（中国生物多样性红色名录——脊椎动物卷，2020）；国家二级重点保护野生动物。

111 红腹滨鹬
Calidris canutus

鸻形目 Charadriiformes	鹬科 Scolopacidae	滨鹬属 *Calidris*
别称：漂鹬、小姥鹬	英文名：Red Knot	

【形态特征】体长：雄鸟 240～245mm，雌鸟 240～252mm。繁殖季面部、前颈、胸部及上腹部栗红色；非繁殖季节栗红色消失，下体基本白色；上体灰褐色；下腰、尾上覆羽灰白色，密布暗色斑纹；飞羽黑褐色，喙黑色，略下弯；虹膜暗褐色；脚黄绿色。

【生活习性】取食贝类、昆虫、植物种子等。繁殖季节，雄鸟交尾前具独特的飞鸣表演，啄雌鸟背羽、"扒窝"和尾羽上翘或呈扇形等。

【生　　境】喜栖息于海滨潮间带、海岸、入海口、盐田、沼泽。

【分　　布】国内见于沿海周边地区，除海南、广东和广西为冬候鸟外，多为旅鸟。

【鸣　　声】有时发出响亮的"guigui–guiguigui"声。

【受威胁和保护等级】NT 近危（IUCN，2018）；VU 易危（中国生物多样性红色名录——脊椎动物卷，2020）；中国三有保护鸟类；河北省重点保护鸟类。

112 流苏鹬 *Calidris pugnax*

鸻形目 Charadriiformes	鹬科 Scolopacidae	滨鹬属 *Calidris*
别称：粗颈鸟、皱领	英文名：Ruff	

【形态特征】体长：雄鸟260～320mm，雌鸟200～270mm。羽色多变且类型复杂。繁殖期雄鸟的头和颈部具丰富的饰羽，颜色差异很大；喙黑褐色、褐粉色或黄色，虹膜暗褐色；尾侧有较长的白色覆羽，几乎抵至尾尖；脚粉红色至黄色。

【生活习性】主要取食软体动物、昆虫、甲壳类等，也食水草、草籽、水稻和浆果等。涉入水中啄食时，整个喙探入水里。有时与其他涉禽混成较大的群。

【生　　境】喜栖息于海岸、入海口、沼泽湖畔、水田、河口、近水的耕地和草地，尤喜河域、水塘、沼泽。

【分　　布】国内迁徙时少量过境于东部和西部。

【鸣　　声】有时发出响亮连续的金属哨音“wei-wei-wei”声。

【受威胁和保护等级】LC无危（IUCN，2016）；LC无危（中国生物多样性红色名录——脊椎动物卷，2020）；中国三有保护鸟类。

113 阔嘴鹬 *Calidris falcinellus*

鸻形目 Charadriiformes	鹬科 Scolopacidae	滨鹬属 *Calidris*
别称：宽嘴鹬	英文名：Broad-billed Sandpiper	

【形态特征】体长：雄鸟、雌鸟 160～180mm。繁殖期头顶黑褐色，两侧的白条纹在眼先与白色宽眉纹汇合，形成典型的双眉纹；肩、上背部黑褐色，各羽缘黄褐色或灰白色；喙黑色，基部黄绿色，先端稍下弯，前部略扁平；虹膜暗褐色，胸部缀有红褐色，具暗斑；腹部白色；脚暗黄绿色。

【生活习性】取食甲壳类、软体动物、昆虫和杂草种子等。迁徙季常混杂于其他小型鹬群中。

【生　　境】喜栖息于海岸、入海口、海滨、盐田、水田、内陆沼泽等。

【分　　布】国内常见冬候鸟和过境鸟。

【鸣　　声】有时发出响亮而尖锐的“siwei-siwei”声。

【受威胁和保护等级】LC 无危（IUCN，2016）；NT 近危（中国生物多样性红色名录——脊椎动物卷，2020）；国家二级重点保护野生动物。

114 尖尾滨鹬
Calidris acuminata

鸻形目 Charadriiformes	鹬科 Scolopacidae	滨鹬属 *Calidris*
别称：尖尾鹬	英文名：Sharp-tailed Stint	

【形态特征】体长：雄鸟170～220mm，雌鸟180～212mm。体较大，与斑胸滨鹬极相似。眉纹白色。繁殖期头顶栗色；上体黑褐色，各羽缘栗色、黄褐色或浅棕白色。颊、喉白色，具淡黑褐色点斑；喙黑色，虹膜褐色；胸部浅棕色，具暗色斑纹，至下胸和两胁部斑纹变成粗的箭头状；腹白色；脚黄绿色。

【生活习性】取食小型甲壳类、软体动物和昆虫，也少食植物。喜结群活动，有时可结上千只的大群。

【生　　境】喜栖息于海岸、入海口、湖泊、河流、稻田、沼泽。

【分　　布】国内经东北、沿海地区及云南、台湾。

【鸣　　声】有时发出清脆而响亮的“wujiu-wujiujiu”声。

【受威胁和保护等级】VU易危（IUCN，2021）；LC无危（中国生物多样性红色名录——脊椎动物卷，2020）；中国三有保护鸟类。

115 弯嘴滨鹬 *Calidris ferruginea*

鸻形目 Charadriiformes	鹬科 Scolopacidae	滨鹬属 *Calidris*
别称：浒鹬	英文名：Curlew Sandpiper	

【形态特征】体长：雄鸟190～221mm，雌鸟195～223mm。繁殖期头、颈、胸部及腹部羽毛深棕栗色；腹部和胁部具白色横纹，尾下白色；肩、上背部暗褐色，各羽缘栗红或白色；喙黑色，长而下弯，虹膜褐色；下腰部、尾上覆羽白色，或具少许暗色斑纹；脚黑色。

【生活习性】取食昆虫、小型甲壳类和软体动物，也食草籽等。

【生　　境】喜栖息于海岸、入海口、河滩、沼泽。

【分　　布】国内除云南、贵州外，广泛分布于各地。

【鸣　　声】有时发出尖锐而响亮的“ju-ju-ju”声。

【受威胁和保护等级】LC无危（IUCN，2017）；NT近危（中国生物多样性红色名录——脊椎动物卷，2020）；中国三有保护鸟类；河北省重点保护鸟类。

116 青脚滨鹬
Calidris temminckii

鸻形目 Charadriiformes	鹬科 Scolopacidae	滨鹬属 *Calidris*
别称：乌脚滨鹬、丹氏滨鹬	英文名：Temminck's Stint	

【形态特征】体长：雄鸟130～160mm，雌鸟135～160mm。体较小。上体暗灰褐色，羽缘淡栗色；眉纹不显；喙黑色，下喙基色浅，虹膜暗褐色；下体白色，胸部具1淡灰褐色的胸带；外侧尾羽白色；脚黄绿色。

【生活习性】取食昆虫、小甲壳动物和蠕虫。多结群活动。

【生　　境】喜栖息于海岸、入海口、湖泊浅滩、沼泽。

【分　　布】国内分布广泛，见于各地。

【鸣　　声】有时发出快速而连续的“sei-sei-sei”声。

【受威胁和保护等级】LC无危（IUCN，2019）；LC无危（中国生物多样性红色名录——脊椎动物卷，2020）；中国三有保护鸟类。

117 长趾滨鹬
Calidris subminuta

鸻形目 Charadriiformes	鹬科 Scolopacidae	滨鹬属 *Calidris*
别称：长趾鹬、云雀鹬	英文名：Long-toed Stint	

【形态特征】体长：雄鸟142～164mm，雌鸟138～160mm。繁殖期头顶棕色，具细黑纹；眉纹白色。上体黑褐色，羽缘棕色和黄白色；喙黑色、下喙基色浅，虹膜暗褐色；下体白色，颈、胸部具黑褐色羽干纵纹；脚黄绿色、趾明显长。

【生活习性】取食甲壳类、软体动物、昆虫和植物碎片。喜欢集小群活动，或与其他小型滨鹬混群。

【生　　境】喜活动于海岸、入海口、湖边、沼泽、溪流旁和小水坑中。

【分　　布】国内分布广泛，见于各地。

【鸣　　声】有时发出响亮的“juwei-juwei”声。

【受威胁和保护等级】LC无危（IUCN，2016）；LC无危（中国生物多样性红色名录——脊椎动物卷，2020）；中国三有保护鸟类。

118 红颈滨鹬 *Calidris ruficollis*

鸻形目 Charadriiformes	鹬科 Scolopacidae	滨鹬属 *Calidris*
别称：红胸滨鹬、木䅉鹬、木稚鹬	英文名：Red- necked stint	

【形态特征】体长：雄鸟 140～165mm，雌鸟 150～165mm。体小型。繁殖期面部、颈部及上胸部红棕色；头顶、后颈和背部密布栗棕色、黑色和灰褐色纵纹；颊白色，喙短直，黑色，喙基周围白色，虹膜暗褐色；下胸部、腹部、胁、尾下覆羽白色；中央尾羽黑褐色，两侧灰色；脚黑色，趾基间无蹼。

【生活习性】取食甲壳类、螺蛳、昆虫和植物种子等。沿海地区可混大群，内陆地区单独活动。

【生　　境】喜活动于海岸、入海口、水田、盐田、沼泽、内陆湿地、河域。

【分　　布】国内见于各地，为中、东部常见迁徙过境鸟，一些在海南岛、广东、香港和台湾地区越冬。

【鸣　　声】有时发出尖锐而响亮的“juwei-juwei”声，尾音哨声明显。

【受威胁和保护等级】NT 近危（IUCN，2016）；LC 无危（中国生物多样性红色名录——脊椎动物卷，2020）；中国三有保护鸟类；河北省重点保护鸟类。

119 三趾滨鹬 *Calidris alba*

鸻形目 Charadriiformes	鹬科 Scolopacidae	滨鹬属 *Calidris*	指名亚种 *alba*
别称：三趾鹬、沙鹬	英文名：Sanderling		

【形态特征】体长：雄鸟 183～200mm，雌鸟 186～210mm。非繁殖期羽色暗淡；繁殖期上体具黑色和赤褐色杂斑，羽缘土黄色或白色；头侧、喉、颈及上胸部赤褐色，具黑褐色斑；喙较短，黑色，虹膜暗褐色。胸下、尾下覆羽白色；脚黑色，无后趾，仅三趾。

【生活习性】主要取食小型甲壳类、软体动物和昆虫，少食植物种子。喜集群活动，常与其他小型滨鹬混群。

【生　　境】喜栖息于海岸、海滨、入海口、水库、溪流、沼泽。

【分　　布】国内除黑龙江、内蒙古、四川和云南外，见于各地。

【鸣　　声】有时发出快速、连续而尖利的“kuaipo-kuaipo”声。

【受威胁和保护等级】LC 无危（IUCN，2013）；LC 无危（中国生物多样性红色名录——脊椎动物卷，2020）；中国三有保护鸟类；河北省重点保护鸟类。

120 黑腹滨鹬 *Calidris alpina*

鸻形目 Charadriiformes	鹬科 Scolopacidae	滨鹬属 *Calidris*
别称：滨鹬	英文名：Dunlin	

【形态特征】体长：雄鸟 180～218mm，雌鸟 180～215mm。繁殖期头顶栗褐色；肩、上背各羽缘棕栗色；颊白色；前颈、胸白色，具黑褐色纵纹；喙黑色，微下弯，虹膜暗褐色；腹部白色，中央具黑色块斑，脚黑色。

【生活习性】取食昆虫、软体动物和甲壳类。喜集群活动，有时集上千只大群。

【生　　境】喜栖息于海岸、入海口、海滨湿地、水田、沼泽。

【分　　布】国内分布广泛。

【鸣　　声】有时发出短促而响亮的“gui-gui”声。

【受威胁和保护等级】LC 无危（IUCN，2019）；LC 无危（中国生物多样性红色名录——脊椎动物卷，2020）；中国三有保护鸟类；河北省重点保护鸟类。

121 小滨鹬
Calidris minuta

鸻形目 Charadriiformes	鹬科 Scolopacidae	滨鹬属 *Calidris*
别称：斑胸滨鹬	英文名：Little Stint	

【形态特征】体长：雄鸟、雌鸟120～160mm。与红颈滨鹬相似。繁殖期头、颈部、上胸部橙褐色，密布褐色纹；颊、喉白色；喙黑色，虹膜暗褐色；上体黑褐色，各羽缘铁红色；背上具“V”形白斑；胫长，脚黑色。

【生活习性】取食甲壳类、贝类、昆虫。常与其他小型滨鹬混群。

【生　　境】喜栖息于海岸、入海口、海滩、湖边、沼泽。

【分　　布】国内偶分布于河北、山东、广东、青海、新疆、江苏、上海、浙江、台湾、香港。

【鸣　　声】有时发出连续、响亮而尖锐的“sei-sei-sei”声，尾音哨声明显。

【受威胁和保护等级】LC无危（IUCN，2019）；DD数据缺乏（中国生物多样性红色名录——脊椎动物卷，2020）。

122 白腰滨鹬 *Calidris fuscicollis*

鸻形目 Charadriiformes	鹬科 Scolopacidae	滨鹬属 *Calidris*
别称：大杓鹬	英文名：White-rumped Sandpiper	

【形态特征】体长：雄鸟、雌鸟160mm～180mm。喙短，略下弯，褐色、基部和下颚黄褐色，虹膜褐色；繁殖羽头部灰色，头顶多褐色斑纹；胸部灰白色，多褐色斑纹；腹部白色，少斑纹；背部灰色，具黑色杂斑；脚灰色。非繁殖羽背部灰色，少斑纹。飞行时蹼跖不伸出尾后，腰部白色，尾羽末端灰色。

【生活习性】以甲壳类、软体动物、小鱼、昆虫、植物种子为食。常与其他涉禽混群，强于飞行。

【生　　境】喜栖息于海岸、入海口、沿海滩涂、内陆湿地、沼泽等生境。

【分　　布】国内仅记录于河北、四川。

【鸣　　声】有时发出尖锐而响亮的“zei-zei”声，似塑料的摩擦声。

【受威胁和保护等级】LC无危（IUCN，2017）；DD数据缺乏（中国生物多样性红色名录——脊椎动物卷，2020）。

123 半蹼鹬

Limnodromus semipalmatus

鸻形目 Charadriiformes	鹬科 Scolopacidae	半蹼鹬属 *Limnodromus*
别称：半蹼沙锥、半蹼足鹬	英文名：Asiatic Dowitcher	

【形态特征】体长：雄鸟310～350mm，雌鸟330～360mm。繁殖期头、颈、背肩部及下体部全为锈红色；下腹部、翼下覆羽白色；喙黑色，特别长，端部膨大，虹膜黑褐色；脚黑褐色，前3趾基部具蹼。

【生活习性】取食昆虫、软体动物和甲壳类。

【生　　境】常栖息于沼泽、湖泊、海滨、海岸、盐田、水塘。

【分　　布】国内分布于东北、华北、华东、华南等地，东北地区为夏候鸟，其余大部为旅鸟。

【鸣　　声】有时发出单调的“wei-wei-wei”声。

【受威胁和保护等级】NT近危（IUCN，2016）；NT近危（中国生物多样性红色名录——脊椎动物卷，2020）；国家二级重点保护野生动物。

124 丘鹬
Scolopax rusticola

鸻形目 Charadriiformes	鹬科 Scolopacidae	丘鹬属 *Scolopax*
别称：山鹬、山沙锥	英文名：Eurasian Woodcock	

【形态特征】体长：雄鸟323～410mm，雌鸟300～380mm。额灰褐色，头顶至枕后具3～4块暗色横斑，淡褐色条纹相间分布；上体锈红色，杂以黑色、灰白色和灰黄色斑；下体灰白带棕色，密布褐色横斑；尾羽黑色，端部银灰色；喙直而长，蜡黄色、端部黑褐色，虹膜深褐色；腿相对短小，胫部被羽毛，脚浅黄色。

【生活习性】主要取食昆虫及其幼虫、蚌类、蜗牛和植物种子等。多单只活动。夜行性，喜欢晨昏或夜间觅食。性孤僻，受惊时往往疾走躲避。

【生　　境】喜栖息于阴潮的林下灌丛、草地、沼泽、灌丛、荒地等。

【分　　布】国内广泛分布，见于各地。

【鸣　　声】有时发单调的“wo-wo-wo”声。

【受威胁和保护等级】LC无危（IUCN，2019）；LC无危（中国生物多样性红色名录——脊椎动物卷，2020）；中国三有保护鸟类；河北省重点保护鸟类。

125 孤沙锥
Gallinago solitaria

鸻形目 Charadriiformes	鹬科 Scolopacidae	沙锥属 *Gallinago*
别称：大沙锥、青鹬	英文名：Solitary Snipe	

【形态特征】体长：雄鸟290～315mm，雌鸟265～310mm。体较大。上体黑褐色，各羽具棕黄色横斑和浅棕白色羽缘；喙细长且直，铅绿色、端部黑色；虹膜黑褐色；飞羽黑褐色；尾羽黑色，具栗棕色次端宽斑和浅棕白色端缘；脚黄绿色。

【生活习性】取食蜗牛、昆虫及其幼虫和植物种子等。多单只活动。

【生　　境】喜栖息于山地森林附近水塘、河域、沼泽、溪流、水田或海岸。

【分　　布】国内分布广泛。

【鸣　　声】有时发“er-er-er”声。

【受威胁和保护等级】LC无危（IUCN，2016）；LC无危（中国生物多样性红色名录——脊椎动物卷，2020）；中国三有保护鸟类；河北省重点保护鸟类。

126 针尾沙锥
Gallinago stenura

鸻形目 Charadriiformes	鹬科 Scolopacidae	沙锥属 *Gallinago*
别称：针尾鹬	英文名：Pintail Snipe	

【形态特征】体长：雄鸟210～270mm，雌鸟236～285mm。体较小。头顶中央冠纹和眉纹白色或棕白色；眉纹宽，穿眼纹窄；喙端部黑色、基部黄绿色，虹膜黑褐色；上体杂有红褐色和黑色，羽缘多黄色；腹部白色；脚黄绿色或灰绿色。

【生活习性】主要取食昆虫及其幼虫、甲壳类和软体动物，也食植物种子和草籽。斑驳的羽色与周围环境酷似，隐蔽性极好。喜早晚活动。飞行速度快，常变换方向。

【生　　境】喜栖息于低山丘陵、草地、河域、河流浅滩、农田、海岸。

【分　　布】国内分布广泛，见于各地。

【鸣　　声】受惊飞起时发出“kua–”声。

【受威胁和保护等级】LC无危（IUCN，2016）；LC无危（中国生物多样性红色名录——脊椎动物卷，2020）；中国三有保护鸟类；河北省重点保护鸟类。

127 大沙锥
Gallinago megala

鸻形目 Charadriiformes	鹬科 Scolopacidae	沙锥属 *Gallinago*
别称：北科、中地科、斯氏沙锥	英文名：Swinhoe's Snipe	

【形态特征】体长：雄鸟258～290mm，雌鸟255～285mm。头顶中央线和眉纹苍白色；穿眼纹黑褐色，狭窄；喙褐色、基部灰绿色，虹膜暗褐色；上体黑褐色，杂有红褐色斑纹和黄色羽缘；胸部黄褐色，多具暗色斑；腹部白色；脚黄绿色。

【生活习性】取食昆虫、小鱼、小甲壳类和植物等。喜早晚在较干的草地活动。

【生　　境】喜栖息于低山丘陵、草地、河域、农田、海岸。

【分　　布】国内分布于东部，为各地的旅鸟和冬候鸟。

【鸣　　声】有时发出单调的“wei”声，常一声一度。

【受威胁和保护等级】LC无危（IUCN，2016）；LC无危（中国生物多样性红色名录——脊椎动物卷，2020）；中国三有保护鸟类；河北省重点保护鸟类。

128 扇尾沙锥

Gallinago gallinago

鸻形目 Charadriiformes	鹬科 Scolopacidae	沙锥属 *Gallinago*
别称：沙锥、小沙锥、田鹬	英文名：Fantail Snipe	

【形态特征】体长：雄鸟242～295mm，雌鸟235～290mm。上体黑褐色，杂有白、暗红、棕色和黄色横斑和纵纹；喙长而直，黑褐色、基部黄褐色，虹膜黑褐色。下体白色；喉、前胸杂黄褐色，密布褐色斑纹；腋羽、翼下白色，具黑色斑纹；脚橄榄绿色，爪黑色。

【生活习性】取食软体动物、昆虫及其幼虫、蠕虫、植物种子和叶片等。喜好缩颈，长喙贴于胸前。羽色条纹酷似枯草，常隐身其中，极难被发现。

【生　　境】喜栖息于低山丘陵、山地溪流、沼泽、草地、河域、农田、海岸。

【分　　布】国内除云南外，见于各地。

【鸣　　声】有时发出单调的“er-er-er”声。

【受威胁和保护等级】LC无危（IUCN，2019）；LC无危（中国生物多样性红色名录——脊椎动物卷，2020）；中国三有保护鸟类；河北省重点保护鸟类。

129 姬鹬
Lymnocryptes minimus

鸻形目 Charadriiformes	鹬科 Scolopacidae	姬鹬属 *Lymnocryptes*
别称：小鹬、小沙锥	英文名：Jack Snipe	

【形态特征】体长：雄鸟、雌鸟170～190mm。头顶黑褐色，具金属光泽，中央无淡色条纹；眉纹淡黄色，贯穿一条暗色线条；喙相对较短，黄色，端部黑色，虹膜褐色；上体有4条宽而长的黄色纵条纹；尾羽暗褐色，无横斑；脚暗黄色。

【生活习性】主要取食蠕虫、昆虫、软体动物。性隐蔽，孤僻，白天极少活动。

【生　　境】喜活动于有苔藓、芦苇的水域、沼泽、溪流浅滩等。

【分　　布】国内分布广泛，见于各地。

【鸣　　声】有时发出单调的“gu-wa-gu”声，似蟾蜍声。

【受威胁和保护等级】LC无危（IUCN，2016）；LC无危（中国生物多样性红色名录——脊椎动物卷，2020）；中国三有保护鸟类；河北省重点保护鸟类。

130 红颈瓣蹼鹬 *Phalaropus lobatus*

鸻形目 Charadriiformes	鹬科 Scolopacidae	瓣蹼鹬属 *Phalaropus*
别称：红领瓣足鹬、红领鹬	英文名：Red-necked Phalarope	

【形态特征】体长：雄鸟 165～200mm，雌鸟 168～200mm。繁殖期自眼后至颈前有栗红色领带；上体黑褐色，肩部羽缘淡棕黄色；头、后颈、胸、两胁暗灰色，腹部、尾下白色。非繁殖期羽色灰白，眼周具黑斑；喙尖细且直，黑色，虹膜褐色；脚黑灰色，前趾间具波状瓣蹼。

【生活习性】取食水中浮游生物、软体动物、甲壳类、昆虫及其幼虫和蛹等。游水时方向无常，喜欢兜圈子，在水中不停顿地快速地旋转浮游，同时不停地啄食水面的猎物。

【生　　境】喜栖息于海岸、入海口、沼泽、内陆湖泊、沼泽、水塘。

【分　　布】国内见于东部沿海、海南岛、台湾和香港的沿海水域。

【鸣　　声】有时发出单调而连续的“zha-zha-zha”声。

【受威胁和保护等级】LC 无危（IUCN，2019）；LC 无危（中国生物多样性红色名录——脊椎动物卷，2020）；中国三有保护鸟类；河北省重点保护鸟类。

131 翘嘴鹬
Xenus cinereus

鸻形目 Charadriiformes	鹬科 Scolopacidae	翘嘴鹬属 *Xenus*
别称：反嘴鹬	英文名：Terek Sandpiper	

【形态特征】体长：雄鸟220～250mm，雌鸟220～261mm。上体褐灰色，羽干纹较细、黑色；肩羽黑色斑纹明显，在背部形成纵纹；喙细长而明显上翘，橙黄色、端部略黑，虹膜褐色；下体白色，胸部具黑褐色细纵纹；脚橙黄色。

【生活习性】取食昆虫、蠕虫、甲壳动物等，取食动作特殊，有时会将食物洗涤后食用。走动较快，会突然改变方向。多结小群活动，常与其他鹬类混合越冬或迁徙。

【生　　境】喜栖息于湖泊、沼泽、海岸、农田和浅滩，尤喜海岸。

【分　　布】迁徙时国内常见于东部及西部。

【鸣　　声】有时发出较快速而响亮的金属音“kui-wei-wei”声。

【受威胁和保护等级】LC无危（IUCN，2019）；LC无危（中国生物多样性红色名录——脊椎动物卷，2020）；中国三有保护鸟类。

132 矶鹬
Actitis hypoleucos

鸻形目 Charadriiformes	鹬科 Scolopacidae	矶鹬属 *Actitis*
别称：普通鹬	英文名：Common Sandpiper	

【形态特征】体长：雄鸟160～220mm，雌鸟180～230mm。背部、尾上覆羽橄榄褐色，具铜褐色光泽，黑色羽干纹纤细；喙黑褐色，下喙基绿褐色，虹膜褐色；背、肩和翅上覆羽具白棕色端缘和黑色横斑；飞羽黑褐色；颊、喉白色；胸部灰褐色，具暗褐色细条纹；下体其余纯白色；脚灰绿色，爪黑色。

【生活习性】主要取食昆虫、蠕虫、小鱼、蟹、虾、水藻等。常单只或结3-5只的小群活动。走动时头和尾部不停地上下摆动。

【生　　境】喜栖息于高山溪流、湖泊、沼泽、海岸、水库、农田和沼泽地，尤喜山川河域。

【分　　布】国内见于各地。

【鸣　　声】有时发出连续而响亮的金属音“ji-ji-wei-wei”声。

【受威胁和保护等级】LC无危（IUCN，2016）；LC无危（中国生物多样性红色名录——脊椎动物卷，2020）；中国三有保护鸟类。

133 灰尾漂鹬 *Tringa brevipes*

鸻形目 Charadriiformes	鹬科 Scolopacidae	鹬属 *Tringa*
别称：无。	英文名：Grey-tailed Tttler	

【形态特征】体长：雄鸟、雌鸟 250～280mm。雌雄相似。头灰色，具白色眉纹；腰部具不明显深褐色横斑；繁殖羽胸部、腹部灰白色，具深褐色横纹；非繁殖羽胸部具灰色斑块，腹部白色；喙至喙端深褐色，喙基青绿色；虹膜深褐色；跗跖近黄色。

【生活习性】常单独或集小群出现，迁徙时可集数十只的大群；在浅水中探寻猎物，退潮时可在泥滩上跑动觅食，涨潮时在潮线附近高处停栖。

【生　　境】喜活动于多岩石的海岸、沿海滩涂、河口等湿地环境。

【分　　布】国内分布于东北、华北、华东、华南等地，为旅鸟，在海南和台湾为冬候鸟。

【鸣　　声】有时发出较响亮的金属音“ji wei wei”声，似灰鸻。

【受威胁和保护等级】NT 近危（IUCN，2016）；LC 无危（中国生物多样性红色名录——脊椎动物卷，2020）。

134 白腰草鹬
Tringa ochropus

鸻形目 Charadriiformes	鹬科 Scolopacidae	鹬属 *Tringa*
别称：草鹬、白尾梢	英文名：Green Sandpiper	

【形态特征】体长：雄鸟 200～250mm，雌鸟 210～260mm。上体深色；眼前有黑纹，眉纹短、白色；虹膜暗褐色，喙短直且细，端部黑色、基部暗绿色；头、后颈及背部暗橄榄褐色，具铜褐色光泽，散布淡棕色和白色点斑；腰部、尾上覆羽、尾羽白色，中央尾羽端部具黑褐色横斑；翼下暗色；下体白色，颈、胸部及两胁具褐色细纵纹；脚灰绿色。

【生活习性】取食蜻蜓幼虫、蚊子等多种昆虫、软体动物、甲壳类和杂草籽。除迁徙季节，几乎完全单独活动。喜欢在有杂草遮蔽的场所附近活动。

【生　　境】喜活动于湖泊、河滩、沼泽、海岸、农田，尤喜河流。

【分　　布】国内分布广泛，见于各地。

【鸣　　声】有时发出较快速而尖锐的金属音“zei-zei-zei”声。

【受威胁和保护等级】LC 无危（IUCN，2016）；LC 无危（中国生物多样性红色名录——脊椎动物卷，2020）；中国三有保护鸟类。

135 鹤鹬
Tringa erythropus

鸻形目 Charadriiformes	鹬科 Scolopacidae	鹬属 *Tringa*
别称：红脚鹤鹬、斑点红腿	英文名：Spotted Redshank	

【形态特征】体长：雄鸟260～322mm，雌鸟266～325mm。繁殖期全身以黑色为主，眼圈白色；虹膜黑褐色，喙尖细且长，黑色，下喙基部红色；肩和翅上具白色细斑；下背及腰部白色；尾具黑白相间的横斑；腿长，脚红色。

【生活习性】取食各种水生昆虫及其幼虫、软体动物、甲壳动物、虾和鱼等。

【生　　境】喜栖息于湖泊、沼泽、海岸、农田等处。

【分　　布】国内广泛分布。

【鸣　　声】飞行或歇息时发出独特的、具爆破音的尖哨音“chee-wik”；警告时发出较短的“chip”声。

【受威胁和保护等级】LC无危（IUCN，2016）；LC无危（中国生物多样性红色名录——脊椎动物卷，2020）；中国三有保护鸟类。

136 青脚鹬 *Tringa nebularia*

鸻形目 Charadriiformes	鹬科 Scolopacidae	鹬属 *Tringa*
别称：青足鹬	英文名：Common Greenshank	

【形态特征】体长：雄鸟300～352mm，雌鸟295～365mm。头顶、后颈和上背部密布白色与黑褐色条纹；喙粗长，端部略上翘，前端黑色、基部灰绿色，虹膜黑褐色；下背部、腰和尾上覆羽白色；下体白色；前颈、胸侧具灰褐色斑纹；飞行时腰部的白色三角区十分醒目；脚青绿色，仅外趾与中趾间具半蹼。

【生活习性】以水生昆虫、螺、虾、小鱼及水生植物为食。多单只活动，偶结小群。受惊扰时向远方低飞，并发出口哨般独特的鸣声，飞出一段距离后落下继续觅食。

【生　　境】喜活动于湖泊、河滩、沼泽、海岸、农田。

【分　　布】国内分布广泛。

【鸣　　声】发出“kewei-kewei-kewei”的独特叫声。

【受威胁和保护等级】LC无危（IUCN，2016）；LC无危（中国生物多样性红色名录——脊椎动物卷，2020）；中国三有保护鸟类。

137 红脚鹬
Tringa totanus

鸻形目 Charadriiformes	鹬科 Scolopacidae	鹬属 *Tringa*
别称：赤足鹬	英文名：Common Redshank	

【形态特征】体长：雄鸟 252～280mm，雌鸟 230～285mm。羽色多变。上体灰褐色或棕黄色，密布黑色和黑褐色斑纹；下背、腰部纯白色；尾上覆羽、尾羽白色，具黑褐色横斑。初级飞羽黑色，次级飞羽、下体部、翼下白色；喙相对较短，黑褐色、基部红色，虹膜褐色；脚橙红色，幼鸟橙黄色。

【生活习性】取食鱼、虾、水生昆虫等。多成对或集群活动。

【生　　境】喜栖息于杂草丛生的湖泊、沼泽、海岸、小溪、河岸、农田和水塘附近。

【分　　布】国内分布广泛。

【鸣　　声】当有人进入巢区时，亲鸟就会飞来飞去，发出“quwei-quwei”的叫声。

【受威胁和保护等级】LC 无危（IUCN，2016）；LC 无危（中国生物多样性红色名录——脊椎动物卷，2020）；中国三有保护鸟类。

138 林鹬 *Tringa glareola*

鸻形目 Charadriiformes	鹬科 Scolopacidae	鹬属 *Tringa*
别称：鹰斑鹬、啄啄立、油锥	英文名：Wood Sandpiper	

【形态特征】体长：雄鸟200～228mm，雌鸟195～230mm。上体黑褐色，密布白色或黄褐色碎斑；眉纹白色，较长，从喙基延伸至耳后；喙端部黑色、基部黄绿色，虹膜暗褐色；下体部、颊、喉、胸部、腹部白色，颈和胸部具暗褐色斑纹；翼下白色，具灰褐色斑纹；腿细长，脚暗黄色。

【生活习性】取食水生昆虫、蠕虫、虾和部分植物。多单独活动。

【生　　境】喜栖息于湖泊、河滩、沼泽、海岸、农田。

【分　　布】国内分布广泛。

【鸣　　声】有时发出较快速而尖锐的金属音“zei-zei-zei”声。

【受威胁和保护等级】LC无危（IUCN，2016）；LC无危（中国生物多样性红色名录——脊椎动物卷，2020）；中国三有保护鸟类。

139 泽鹬
Tringa stagnatilis

鸻形目 Charadriiformes	鹬科 Scolopacidae	鹬属 *Tringa*
别称：泥泽鹬、小青足鹬	英文名：Marsh Sandpiper	

【形态特征】体长：雄鸟、雌鸟200～250mm。似青脚鹬，个小。头、颈部灰褐色，具暗色斑纹；上背部色暗，下背部、腰部白色；翅黑色；尾白色，具黑褐色横斑；下体白色；喙短直而细，黑色，基部绿灰色，虹膜暗褐色；腿细长，飞行时腿伸出尾后甚长；脚暗黄绿色。

【生活习性】大多在水中觅食，可相互合作，轻快、稳定地啄食水面食物。

【生　　境】喜栖息于开阔的湖泊、沼泽、海岸、农田。

【分　　布】国内除西南外，见于各地；繁殖于内蒙古、东北，迁徙经过华东沿海、海南岛及台湾，偶尔经过我国中部。

【鸣　　声】叫声为重复的“tu-ee-u”。冬季常为重复的“kiu”声，似青脚鹬，但调高；被赶时发出重复的“yup-yup-yup”。

【受威胁和保护等级】LC无危（IUCN，2016）；LC无危（中国生物多样性红色名录——脊椎动物卷，2020）；中国三有保护鸟类。

140 小青脚鹬
Tringa guttifer

鸻形目 Charadriiformes	鹬科 Scolopacidae	鹬属 *Tringa*
别称：诺氏鹬、斑青脚鹬、诺德曼青足鹬	英文名：Spotted Greenshank	

【形态特征】体长：雄鸟、雌鸟290～320mm。上体黑褐色，具白斑和羽缘；喙稍粗，略翘，前端黑色、基部绿色或黄褐色，虹膜暗褐色；背部、腰部、尾上白色；颈、胸部、胁部密布暗色斑；腋羽纯白色，下体白色；腿较短，脚黄绿色，三趾间均具半蹼。

【生活习性】取食软体动物、昆虫、甲壳类、鱼类等。

【生　　境】喜活动于湖沼、海岸、农田、林缘湿地、海滨沙地、岛屿的滩涂等地。

【分　　布】国内分布于沿海地区，为旅鸟。

【鸣　　声】有时发出较粗哑的“er”声。

【受威胁和保护等级】EN濒危（IUCN，2016）；EN濒危（中国生物多样性红色名录——脊椎动物卷，2020）；属全球濒危物种；CITES附录I（2023）；国家一级重点保护野生动物。

141 普通燕鸻 *Glareola maldivarum*

鸻形目 Charadriiformes	燕鸻科 Glareolidae	燕鸻属 *Glareola*
别称：燕鸻、东方燕鸻、土燕子	英文名：Oriental Pratincole	

【形态特征】体长：雄鸟210～280mm，雌鸟200～240mm。上体棕灰褐色；尾上覆羽明显白色；喙黑色、下喙角红色，虹膜暗褐色；下体前部棕褐色，向后渐变为白色；翼下覆羽、腋羽栗红色；翅尖长如燕；尾叉状；脚黑色。

【生活习性】取食昆虫，尤喜食蝗虫，蟹类、杂草籽、麦粒、谷子等。喜集群活动。

【生　　境】栖息于开阔的湖泊、河口、水田、沼泽、沙滩和草地等。

【分　　布】国内迁徙时除新疆，见于各地。

【鸣　　声】常发出短促的“dili-dili”叫声。

【受威胁和保护等级】LC无危（IUCN，2016）；LC无危（中国生物多样性红色名录——脊椎动物卷，2020）；中国三有保护鸟类。

142 红嘴鸥
Chroicocephalus ridibundus

鸻形目 Charadriiformes	鸥科 Laridae	彩头鸥属 *Chroicocephalus*
别称：黑头鸥、笑鸥、普通海鸥、钓鱼郎	英文名：Black-headed Gull	

【形态特征】体长：雄鸟360～430mm，雌鸟350～410mm。体形、羽色似棕头鸥。繁殖羽大部分白色；头部咖啡色，有狭窄的白色眼圈；虹膜褐色，喙红色；翕羽灰色，初级飞羽先端黑色，展翅时翅外侧有一楔形长白斑；脚红色。冬羽头部白色，眼后有一黑褐色斑。

【生活习性】主要取食小鱼、虾、水生昆虫、甲壳类，软体动物等等。常结小群活动，越冬时可结成几百至几千的大群。喜晨、昏活动。繁殖期攻击性强。

【生　　境】喜栖息于湖泊、河流、水库、鱼塘、河口、港湾和沿海沼泽等各类水域。

【分　　布】国内分布广泛，繁殖于北方湿地，越冬于南方。

【鸣　　声】叫声似沙哑的“kwar”音。

【受威胁和保护等级】LC无危（IUCN，2018）；LC无危（中国生物多样性红色名录——脊椎动物卷，2020）；中国三有保护鸟类。

143 黑嘴鸥
Saundersilarus saundersi

鸻形目 Charadriiformes	鸥科 Laridae	嘴鸥属 *Saundersilarus*
别称：桑氏鸥	英文名：Saunder's Gull	

【形态特征】体长：雄鸟 300～385mm，雌鸟 300～335mm。夏羽头部黑色，眼缘有新月形白斑；虹膜黑色，喙短而厚，黑色；翅浅灰色；初级飞羽端白色，各羽有黑色次端斑；展翅时翅的外侧有一楔形长白斑；身体其余羽白色；脚红色。冬羽头部白色，头顶具淡褐色斑，耳羽有黑色斑块。

【生活习性】主要取食甲壳类、鱼类、贝类、昆虫及其幼虫和其他水生无脊椎动物。常结小群活动，有时也与其他鸥类混群。

【生　　境】喜栖息于沿海滩涂、沼泽、河口、沼泽。

【分　　布】国内繁殖于辽宁、山东和江苏，越冬于浙江、福建和广东，台湾和香港也有记录。

【鸣　　声】鸣声尖利，“eek-eek”，似燕鸥。

【受威胁和保护等级】VU 易危（IUCN，2018）；VU 易危（中国生物多样性红色名录——脊椎动物卷，2020）；国家一级重点保护野生动物。

144 小鸥

Hydrocoloeus minutus

鸻形目 Charadriiformes	鸥科 Laridae	小鸥属 *Hydrocoloeus*
别称：小隼	英文名：Little Gull	

【形态特征】体长：雄鸟290～300mm，雌鸟277～310mm。鸥属最小型种类。头部黑色，眼周无白斑，虹膜暗褐色；喙黑色；上体、肩、背、翅上覆羽及飞羽淡灰色；翅腹面暗灰黑色；翅尖白色，展翅时翅的后缘白色；其余体羽白色；脚肉红色。非繁殖期头部白色，头顶和后枕部淡黑色，眼后有一黑斑。

【生活习性】食物多样，主要取食昆虫、甲壳类和软体动物等无脊椎动物，也会取食小鱼。常结群活动，也与其他鸥类混群。

【生　　境】喜栖息于开阔的湖泊、河域、水塘、沼泽、海岸、入海口。

【分　　布】国内分布于内蒙古、黑龙江、新疆（繁殖鸟）；河北、江苏、香港（罕见旅鸟、冬候鸟）。

【鸣　　声】似燕鸥的笛音，较尖锐，有时发出一连串急促的“jiji–jiji”声。

【受威胁和保护等级】LC无危（IUCN，2018）；NT近危（中国生物多样性红色名录——脊椎动物卷，2020）；国家二级重点保护野生动物。

145 遗鸥 *Ichthyaetus relictus*

鸻形目 Charadriiformes	鸥科 Laridae	渔鸥属 *Ichthyaetus*
别称：黑头鸥、钓鱼郎	英文名：Relic Gull	

【形态特征】体长：雄鸟 400～460mm，雌鸟 400～450mm。似红嘴鸥。前额平坦，头黑色；眼周白斑在眼前方缺如；虹膜褐色；喙暗红色；覆羽、下背、飞羽大部分淡灰色，初级飞羽端部黑色且具一大白斑；余羽白色；脚红色，幼鸟黑色。冬羽头部转为白色。

【生活习性】主要取食昆虫、小鱼、水生无脊椎动物等，少食植物性食物，如藻类、眼子菜、白刺等。常集群活动。

【生　　境】喜栖息于开阔的平原、荒漠地带的湖泊、海岸、入海口。

【分　　布】国内主要繁殖于内蒙古和陕西，向东迁至渤海湾越冬。

【鸣　　声】鸣叫声似“ka-kak, ka-ka kee-a”。

【受威胁和保护等级】VU 易危（IUCN，2017）；VU 易危（中国生物多样性红色名录——脊椎动物卷，2020）；CITES 附录 I（2023）；国家一级重点保护野生动物。

146 渔鸥
Ichthyaetus ichthyaetus

鸻形目 Charadriiformes	鸥科 Laridae	渔鸥属 *Ichthyaetus*
别称：大黑头鸥、海猫子、钓鱼郎	英文名：Pallass Gull	

【形态特征】体长：雄鸟630～715mm，雌鸟583～710mm。大型鸥类。夏羽上、下体大多白色，头、喉部黑色；眼后具一新月形白斑；虹膜暗褐色，喙粗厚，黄色、尖端红色、亚端具黑色斑；肩、背部、翅上覆羽淡灰色，初级飞羽具黑色次端斑；脚黄绿色。冬羽头白色，多少杂有浅褐黑色；眼周黑色。

【生活习性】食性较杂，主要取食鱼类，也食其他鸟的卵、雏鸟、蛙类、蜥蜴、昆虫、甲壳类以及动物内脏、尸体等。常单独或结小群活动，迁徙时也集大群。

【生　　境】喜栖息于海岸、海岛、江河、湖泊及水库等地，可至4500m高原湿地。

【分　　布】国内见于青藏高原和内蒙古，偶见于东部沿海。

【鸣　　声】类似乌鸦的低沉鸣叫，或长或短；非繁殖期通常不叫。

【受威胁和保护等级】LC无危（IUCN，2012）；LC无危（中国生物多样性红色名录——脊椎动物卷，2020）。

147 黑尾鸥
Larus crassirostris

鸻形目 Charadriiformes	鸥科 Laridae	鸥属 *Larus*
别称：海猫、乌尾尖鸥、黑尾钓鱼郎、钓鱼郎、黑尾海鸥		英文名：Black-tailed Gull

【形态特征】体长：雄鸟435～550mm，雌鸟440～510mm。体形似海鸥；喙黄色，先端红色，次端黑色；虹膜淡黄色；尾白色，近端部有一条黑色宽带斑；脚绿黄色、爪黑色。

【生活习性】主要取食鱼类，也食虾、软体动物、水生昆虫及废弃食物。喜结数十只的小群活动，有时也结成几百至数千只的大群营巢繁殖。

【生　　境】喜栖息于沿海、海岸、湿地、沙滩、湖泊、河流和沼泽。

【分　　布】国内分布于沿海地区，北方常见，南方冬季记录较多。

【鸣　　声】似猫叫，“a~a~a~”声。

【受威胁和保护等级】LC无危（IUCN，2018）；LC无危（中国生物多样性红色名录——脊椎动物卷，2020）；中国三有保护鸟类。

148 普通海鸥 *Larus canus*

鸻形目 Charadriiformes	鸥科 Laridae	鸥属 *Larus*

别称：鸥、海鸥、东方海鸥、东方普通鸥　　英文名：Mew Gull

【形态特征】体长：雄鸟 490～510mm，雌鸟 455～470mm。似银鸥。喙橙黄色，繁殖期喙端无色斑，虹膜黄色，亚成鸟褐色；头、颈和下体白色；背部、肩和翅灰色。冬羽头至后颈有淡褐色斑点；初级飞羽末端黑色，具白色先端斑；腰、尾上覆羽和尾羽白色；脚肉色。

【生活习性】取食鱼、虾、其他甲壳类、软体动物、昆虫等。成对或集小群活动。

【生　　境】喜栖息于沿海、海岸、港湾、河口、湖泊、湿地和沼泽。

【分　　布】国内见于北方地区和沿海各地。

【鸣　　声】鸣叫声如“kakaka…，kleee-a”和“klee-uu-klee-uu-klee-uu”。

【受威胁和保护等级】LC 无危（IUCN，2019）；LC 无危（中国生物多样性红色名录——脊椎动物卷，2020）；中国三有保护鸟类。

149 西伯利亚银鸥
Larus vegae

鸻形目 Charadriiformes	鸥科 Laridae	鸥属 *Larus*
别称：织女银鸥、休氏银鸥	英文名：Vega Gull	

【形态特征】体长：雄鸟、雌鸟610～630mm。大型鸥类，雌雄相似。繁殖羽、头、颈和下体白色，上体和翼上覆羽灰色；停栖时三级飞羽可见明显的新月状白斑；尾上覆羽及尾羽白色。非繁殖羽后颈和胸侧具暗色纵纹和污斑。喙黄色、下喙端部具红斑，虹膜黄褐色；脚粉红色。

【生活习性】食性较杂，自行捕鱼或掠夺其他鸥类的食物。

【生　　境】喜活动于北极苔原、海岸、河口和鱼塘。

【分　　布】国内除宁夏、西藏和青海外常见于全国各地，繁殖于东北和西北，迁徙经北方大部分地区，越冬于南方。

【鸣　　声】发粗哑的“ga-ga”声。

【受威胁和保护等级】LC无危（IUCN，2017）；LC无危（中国生物多样性红色名录——脊椎动物卷，2020）；中国三有保护鸟类。

150 灰背鸥 *Larus schistisagus*

鸻形目 Charadriiformes	鸥科 Laridae	鸥属 *Larus*
别称：大黑脊鸥、深灰背鸥	英文名：Slaty-backed Gull	

【形态特征】体长：雄鸟、雌鸟600～620mm。体形似银鸥。头、颈、尾羽和下体白色，头顶最高点离眼部较远；虹膜黄色，喙黄色、下喙端具红斑；背部深灰黑色；初级飞羽黑色、先端白，次级飞羽羽端不具宽阔白边，有时前缘亦白色；脚深粉色。冬羽头和后颈具棕褐色纵纹。

【生活习性】主要取食鱼和无脊椎动物，也食鸟卵、雏鸟、浆果和动物尸体等。善于游水和飞翔。常成对或结小群活动，非繁殖期有时集大群。

【生　　境】喜栖息于北极苔原、海岸、河口、湖泊、沼泽等水域。

【分　　布】国内少见于东北、内蒙古、北京至东部及南部沿海。

【鸣　　声】发出“ao-ao”的尖厉叫声。

【受威胁和保护等级】LC无危（IUCN，2018）；LC无危（中国生物多样性红色名录——脊椎动物卷，2020）。

151 黄腿银鸥
Larus cachinnans

鸻形目 Charadriiformes	鸥科 Laridae	鸥属 *Larus*
别称：黄脚银鸥	英文名：Yellow-legged Gull	

【形态特征】体长：雄鸟、雌鸟 590～610mm。大型鸥类，雌雄相似。繁殖羽、上体和翼上覆羽浅灰色，翼尖小面积黑色，具较多白斑和翼镜；喙黄色、下喙端有红斑，虹膜黄色；脚土黄色。非繁殖羽，眼周和头顶具非常细小的纵纹，喙和跗跖颜色较暗。

【生活习性】食物包括鱼类、无脊椎动物、爬行动物、小型哺乳动物、动物内脏、鸟蛋和雏鸟等。一般成群营巢。

【生　　境】喜活动于北极苔原、海岸。

【分　　布】国内分布于新疆西部到中部及内蒙古北部（夏候鸟），东北西南部经黄河、长江东段和中段至台湾区域（旅鸟），东南沿海地区（常见冬候鸟）；迁徙经河北东北部海岸。

【鸣　　声】叫声连续而粗哑。

【受威胁和保护等级】LC 无危（IUCN，2018）；LC 无危（中国生物多样性红色名录——脊椎动物卷，2020）。

152 鸥嘴噪鸥 *Gelochelidon nilotica*

鸻形目 Charadriiformes	鸥科 Laridae	噪鸥属 *Gelochelidon*
别称：鸥嘴燕鸥、鸥嘴海燕、噪鸥、鱼鹰子		英文名：Common Gull- billed Tern

【形态特征】体长：雄鸟340～380mm，雌鸟315～370mm。中型燕鸥类。夏羽头顶全黑色，上体灰色，下体白色；虹膜暗褐色，喙粗壮，黑色；尾呈叉状；脚黑色。冬羽头部黑色消失，眼先、眼后、耳羽具黑褐色斑块。

【生活习性】主要取食昆虫及其幼虫、小鱼、虾、小蟹、蜥蜴和软体动物等。单独或成小群活动。飞行轻快敏捷，两翅振动缓慢。

【生　　境】喜栖息于湖泊、河域、沼泽、海岸及湖边沙滩和泥地。

【分　　布】国内见于新疆、内蒙古和东部沿海，内陆地区偶有记录。

【鸣　　声】叫声似重复的“kuwk-wik”或“kik-hik-hik hik hik”。

【受威胁和保护等级】LC无危（IUCN，2019）；LC无危（中国生物多样性红色名录——脊椎动物卷，2020）；中国三有保护鸟类。

153 红嘴巨燕鸥

Hydroprogne caspia

鸻形目 Charadriiformes	鸥科 Laridae	巨鸥属 *Hydroprogne*
别称：里海燕鸥、大嘴鸥、江鱼郎、红嘴大海燕、鱼江郎		英文名：Caspian Tern

【形态特征】体长：雄鸟505～540mm，雌鸟502～540mm。大型燕鸥类。夏羽额至头顶、后枕部黑色，头后黑色短羽冠不明显；喙粗大，红色，先端常为黑色，虹膜暗褐色；上体淡灰色，下体白色；尾短，呈叉状；脚黑色。冬羽头顶白色，具细密暗色纵纹，喙色淡。

【生活习性】主要取食中小型鱼类，也食昆虫、甲壳类等无脊椎动物、鸟卵和雏鸟等。常单只活动，有时结3-5只的小群。飞行轻巧有力，两翅扇动缓慢。善于游泳。

【生　　境】喜栖息于湖泊、河域、水库、沼泽、海岸。

【分　　布】国内见于沿海及内陆水域。

【鸣　　声】叫声沙哑，似“kraaah”。

【受威胁和保护等级】LC无危（IUCN，2019）；LC无危（中国生物多样性红色名录——脊椎动物卷，2020）；中国三有保护鸟类；河北省重点保护鸟类。

154 白额燕鸥
Sterna albifrons

鸻形目 Charadriiformes	鸥科 Laridae	燕鸥属 *Sterna*
别称：小燕鸥、小海燕、白顶燕鸥、白额海燕、东方小燕鸥		英文名：Little Tern

【形态特征】体长：雄鸟210～280mm，雌鸟230～260mm。小型燕鸥。额白色，头顶、贯眼纹黑色，二者相连直达后枕；喙黄色，尖端黑色，虹膜暗褐色；尾深叉状；外侧初级飞羽黑褐色为主；颈侧、下体白色；脚橙黄至黄褐色。

【生活习性】取食小鱼、虾、甲壳类、软体动物、昆虫及其他小型无脊椎动物。喜结群活动。

【生　　境】喜栖息于湖泊、河域、水塘、沼泽、海岸、入海口等水域。

【分　　布】国内繁殖于大多地区。

【鸣　　声】叫声似急促而尖锐的“zha-zha”。

【受威胁和保护等级】LC无危（IUCN，2019）；LC无危（中国生物多样性红色名录——脊椎动物卷，2020）；中国三有保护鸟类；河北省重点保护鸟类。

155 普通燕鸥 *Sterna hirundo*

鸻形目 Charadriiformes	鸥科 Laridae	燕鸥属 *Sterna*
别称：长翎海燕、黑顶燕鸥、西藏海燕、钓鱼郎	英文名：Common Tern	

【形态特征】体长：雄鸟330～385mm，雌鸟310～370mm。中型燕鸥。夏羽身体大部白色；头顶自喙基至后枕及后颈黑色；虹膜暗褐色，喙黑色；胸和翅上覆羽灰色；下体淡灰至淡紫色；尾呈深叉状；脚黑色或稍带红色。冬羽头顶具暗色纵纹。

【生活习性】食物主要为小鱼、小虾、其他甲壳动物、昆虫以及蜥蜴类。单独活动或结成3-5只的小群。有时与其他鸥类或燕鸥类混群。

【生　　境】喜栖息于湖泊、河域、水塘、沼泽、海岸、入海口。

【分　　布】国内常见，繁殖于北方各地和青藏高原，迁徙时见于华东和华南地区。

【鸣　　声】叫声沙哑，似“keerar”。

【受威胁和保护等级】LC无危（IUCN，2019）；LC无危（中国生物多样性红色名录——脊椎动物卷，2020）；中国三有保护鸟类。

156 灰翅浮鸥 *Chlidonias hybrida*

鸻形目 Charadriiformes	鸥科 Laridae	浮鸥属 *Chlidonias*
别称：黑腹燕鸥、须海燕、溪水燕、灰海燕、小捞鱼蝶		英文名：Whiskered Tern

【形态特征】体长：雄鸟230～270mm，雌鸟240～260mm。体小型。夏羽头顶黑色，头侧在眼以下白色；虹膜红褐色，喙深红色；上体灰色，翅背面灰色较淡；腹面近白色；叉尾浅凹；下体灰黑色；脚深红色。冬羽头顶仅枕部和穿眼纹明显保留黑色，翅尖边缘黑色，上体淡灰色，下体白色；喙、脚均黑色。

【生活习性】主要取食小鱼、虾、水生昆虫及其他无脊椎动物；有时也食水生植物。常结几只至几十只的小群活动，繁殖期可集成几百只的大群。

【生　　境】喜栖息于开阔的湖泊、鱼塘、水库、沼泽、海岸等各种水域。

【分　　布】国内除西藏和贵州外见于各地。

【鸣　　声】叫声似沙哑断续的"kitt"或"ki-kitt"。

【受威胁和保护等级】LC无危（IUCN，2017）；LC无危（中国生物多样性红色名录——脊椎动物卷，2020）；中国三有保护鸟类。

157 白翅浮鸥
Chlidonias leucopterus

鸻形目 Charadriiformes	鸥科 Laridae	浮鸥属 *Chlidonias*
别称：白翅黑燕鸥、白翅黑海燕、乌嘴海燕、捞鱼蝶		英文名：White-winged Tern

【形态特征】体长：雄鸟230～260mm，雌鸟200～250mm。小型燕鸥类。夏羽身体大多绒黑色，尾上覆羽、尾羽、尾下覆羽白色，翅灰白色；虹膜暗褐色，喙粗短，红色；尾浅凹状；脚深红色。冬羽除头顶后部、枕部、耳羽黑色外，其余体羽白色，背、肩、腰、翅灰色；喙黑色。

【生活习性】主要以小鱼、虾、昆虫及其幼虫和其他水生动物。常集群活动，少则数十只，多至几百只，有时与其他鸥类混群。

【生　　境】喜栖息于开阔的湖泊、水库、沼泽、池塘、海岸，尤喜海岸湿地。

【分　　布】国内分布广泛。

【鸣　　声】叫声似“quack-qua”。

【受威胁和保护等级】LC无危（IUCN，2016）；LC无危（中国生物多样性红色名录——脊椎动物卷，2020）；中国三有保护鸟类。

158 鹰鸮
Ninox scutulata

鸮形目 Strigiformes	鸱鸮科 Strigidae	鹰鸮属 *Ninox*
别称：褐鹰鸮、酱色鹰鸮、青叶鸮、乌猫王、鹞形猫王		英文名：Brown Hawk Owl

【形态特征】体长：雄鸟220～320mm，雌鸟262～269mm。中型鸮类。外形似鹰，无面盘和耳羽簇；上体暗棕褐色；前额近白色；喉、前颈部皮黄色且具褐色条纹；虹膜黄色，喙灰色；背部、两翼褐色具白色斑纹；胸部近白色，具明显褐色斑纹；腹部近白色，具粗大的褐色斑纹；尾羽褐色，具深色斑纹；跗跖部被羽。

【生活习性】主要取食昆虫，也食蛙，蜥蜴，小鸟、鼠类、蝙蝠等。常单独活动，繁殖期成对活动。飞行迅速且敏捷。夜行性，白天多藏在林中休息。

【生　　境】常栖息于阔叶林，有时见于低山丘陵的混交林、山脚平原、果园和村落。

【分　　布】国内分布于西南、华南、华中和华东地区。

【鸣　　声】有时发出连续的“wu-wu-wu”声，声调逐渐上扬。

【受威胁和保护等级】LC无危（IUCN，2021）；NT近危（中国生物多样性红色名录——脊椎动物卷，2020）；国家二级重点保护野生动物。

159 纵纹腹小鸮
Athene noctua

鸮形目 Strigiformes	鸱鸮科 Strigidae	小鸮属 *Athene*
别称：小鸮、北方猫王鸟、东方小鸮	英文名：Little Owl	

【形态特征】体长：雄鸟210～250mm，雌鸟210～245mm。体形较小。头扁小，黄褐色，缀以白点，面盘不发达，无耳羽簇，眉纹白色；虹膜黄色，喙黄绿色；喉部具1白色领环；背部黄褐色，具白色斑纹；胸部、腹部白色，具褐色纵纹；尾下覆羽白色，无斑；尾羽褐色，具白色横纹；脚黑褐色。

【生活习性】主要取食鼠类、昆虫，也食蛙类、蜥蜴和小型鸟类。白天活动为主，多在晨昏活动。

【生　　境】喜栖息于低山丘陵、山地、草原、平原森林、林缘、灌丛、农田等地。

【分　　布】国内间断分布于新疆西部、从东北到西南的带状区域，为留鸟。

【鸣　　声】有时发出响亮的“wen-wen”声，一声一度。

【受威胁和保护等级】LC无危（IUCN，2019）；LC无危（中国生物多样性红色名录——脊椎动物卷，2020）；国家二级重点保护野生动物。

160 领角鸮
Otus lettia

鸮形目 Strigiformes	鸱鸮科 Strigidae	角鸮属 *Otus*
别称：毛脚鸺鹠、光足鸺鹠	英文名：Collared Scops Owl	

【形态特征】体长：雄鸟190～240mm，雌鸟240～275mm。小型鸮。上体羽毛灰褐色或沙褐色，杂以暗色虫蠹纹和黑色羽干纹，前额、眉纹浅皮黄白色；后颈基部有一显著的翎领；虹膜红褐色，喙黄绿色；下体白色或皮黄色，缀以淡褐色波状横斑和黑褐色羽干纹；脚黄色；趾披羽或裸出。

【生活习性】主要取食鼠类，小鸟和昆虫。夜行性，白天大多藏于树冠的浓密枝叶中，黄昏至黎明前活动频繁。

【生　　境】多栖息于山地阔叶林、混交林、临村树林。

【分　　布】国内分布于东北、华北、华南、华东及西南地区。

【鸣　　声】鸣声为低沉下降的单音，略似“bu”的发音，或者为低沉的“wu wu wu”声。

【受威胁和保护等级】LC无危（IUCN，2017）；LC无危（中国生物多样性红色名录——脊椎动物卷，2020）；国家二级重点保护野生动物。

161 红角鸮
Otus sunia

鸮形目 Strigiformes	鸱鸮科 Strigidae	角鸮属 *Otus*
别称：东方角鸮、东红角鸮	英文名：Oriental Scops Owl	

【形态特征】体长：雄鸟170～190mm，雌鸟170～190mm。小型鸮类；体色变化较大，有红色型、灰色型两种，灰色型较常见。灰色型头部灰色，深褐色面盘明显，头顶具黑色纵纹，耳羽簇明显；虹膜黄色，喙暗绿色；胸部、腹部灰褐色，具黑色纵纹；背部、两翼灰色，肩部具明显白色斑；脚肉灰色。红色型整体棕红色。

【生活习性】主要取食昆虫、鼠类，也食蜥蜴、鸟类等。夜行性。

【生　　境】常栖息于山地阔叶林、混交林、临村树林。

【分　　布】国内分布于东北至黄河中东部流域（夏候鸟），长江流域周边及其以南地区、海南（留鸟），台湾（冬候鸟）。

【鸣　　声】常发出三声一度的“wu，wu-wu”声。

【受威胁和保护等级】LC无危（IUCN，2021）；LC无危（中国生物多样性红色名录——脊椎动物卷，2020）；国家二级重点保护野生动物。

162 长耳鸮 *Asio otus*

鸮形目 Strigiformes	鸱鸮科 Strigidae	耳鸮属 *Asio*
别称：长耳木兔、有耳麦猫王、虎鵵、彪木兔		英文名：Long-eared Owl

【形态特征】体长：雄鸟330～390mm，雌鸟327～390mm。体型中等。上体颜色斑驳，棕黄色，杂以黑褐色斑纹；头顶具二簇黑色耳羽簇，眼上、眼下连成明显“X”形棕色斑纹；面盘发达；虹膜橙红色，喙铅灰色、端部黑色；下体棕黄色，杂以黑褐色纵纹；脚铅灰色；趾披密羽。

【生活习性】主要取食鼠类，也食昆虫、小型鸟类和兽类。越冬时多集15～20余只的小群。夜行性，白天多隐藏在树干近旁的树枝上或林中空地草丛中，黄昏时开始活动。

【生　　境】栖息于阔叶林及针叶林等各种林的林缘。

【分　　布】国内除海南外均可见。

【鸣　　声】有时发出柔弱的“wu-wu”声。

【受威胁和保护等级】LC无危（IUCN，2021）；LC无危（中国生物多样性红色名录——脊椎动物卷，2020）；国家二级重点保护野生动物。

163 短耳鸮 *Asio flammeus*

鸮形目 Strigiformes	鸱鸮科 Strigidae	耳鸮属 *Asio*
别称：仓鸮、枭鵅、小耳木兔、田猫王、短耳猫头鹰		英文名：Short-eared Owl

【形态特征】体长：雄鸟、雌鸟345～390mm。中型鸮类。面盘发达，棕黄色，外缘白色；耳羽簇短，不明显，眼上、眼下连成X形白色斑纹；虹膜金黄色，喙黑色；颈部棕黄色，密布深褐色纵纹；胸部、腹部棕黄色，具稀疏的棕褐色纵纹；脚黑色。

【生活习性】主要取食鼠类，也食昆虫和小鸟。夜行性为主，主要在晨昏活动。

【生　　境】喜栖息于低山、苔原、荒漠、沼泽、海岸，尤喜开阔的平原草地。

【分　　布】国内繁殖于东北北部、内蒙古东部，越冬于全国各地。

【鸣　　声】有时发出一连串低沉的“gu-gu-gu-gu”声。

【受威胁和保护等级】LC无危（IUCN，2021）；NT近危（中国生物多样性红色名录——脊椎动物卷，2020）；国家二级重点保护野生动物。

164 雕鸮 *Bubo bubo*

鸮形目 Strigiformes	鸱鸮科 Strigidae	雕鸮属 *Bubo*

别称：鹫兔、恨狐、怪鸱、角鸱、老兔　　英文名：Northern Eagle Owl

【形态特征】体长：雄鸟560～730mm，雌鸟650～890mm。大型鸮类。羽毛大部分黄褐色，具白色喉斑；面盘明显，棕黄色；虹膜金黄色，喙黑灰色；胸部、胁部具浓密深褐色条纹；腹部、尾下覆羽具黑色小横斑；脚黑灰色。

【生活习性】主要取食鼠类，也食雉类、蛙类、刺猬、昆虫等。夜行性，拂晓后即返回栖息地栖息，缩颈闭目，一动不动；听觉灵敏。

【生　　境】常栖息于山地森林、荒野、平原、裸露的高山、峭壁。

【分　　布】国内除海南和台湾外，遍布其他所有地区。

【鸣　　声】有时发出响亮而深邃的“wu-wu”声，两声一度。

【受威胁和保护等级】LC无危（IUCN，2017）；NT近危（中国生物多样性红色名录——脊椎动物卷，2020）；国家二级重点保护野生动物。

165 鹗 *Pandion haliaetus*

鹰形目 Accipitriformes	鹗科 Pandionidae	鹗属 *Pandion*
别称：鱼鹰、鱼雕	英文名：Osprey	

【形态特征】体长：雄鸟、雌鸟650mm。较大型猛禽。上体暗褐色，头白色并具黑色纵纹；眼先的黑色带延至颈后，虹膜橙黄色；嘴黑色；胸部有纵纹；下体白色；尾有多条黑色带；脚黄色。

【生活习性】主要捕捉较大的鱼类为食，偶尔也捕食蛙类、蜥蜴、小型鸟类等。

【生　　境】喜栖息于大型湖泊、水库、鱼塘、河流、海岸等水域附近，上空飞翔。

【分　　布】国内见于各地，北方繁殖，南方越冬。

【鸣　　声】常发出连续的“ju-ju-ju”声，响亮而尖锐。

【受威胁和保护等级】LC无危（IUCN，2021）；NT近危（中国生物多样性红色名录——脊椎动物卷，2020）；国家二级重点保护野生动物。

166 凤头蜂鹰
Pernis ptilorhynchus

鹰形目 Accipitriformes	鹰科 Accipitridae	蜂鹰属 *Pernis*

别称：东方蜂鹰、八角鹰、雕头鹰、蜜鹰　　英文名：Oriental Honey-buzzard

【形态特征】体长：雄鸟、雌鸟 500～600mm。较大型猛禽，头部细小，颈显长，翼较宽大；羽色多变，因雌、雄、成、幼而不同；凤头有时不显，喉色浅有纵纹；喙黑色，虹膜雄鸟红褐色，雌鸟黄色；飞羽横带明显；脚黄色。

【生活习性】主要取食蜂类，如蜜蜂，常攻击蜂巢，也捕食小型鸟类和其他昆虫等。

【生　　境】喜栖息于山地森林及林缘地带。

【分　　布】国内繁殖于东北，迁徙时见于大部分地区，在海南为冬候鸟，在西南部分地区及台湾有留鸟种群。

【鸣　　声】常会发出尖锐而单调的“jin-jin”声。

【受威胁和保护等级】LC 无危（IUCN，2021）；NT 近危（中国生物多样性红色名录——脊椎动物卷，2020）；国家二级重点保护野生动物。

167 乌雕 *Clanga clanga*

鹰形目 Accipitriformes	鹰科 Accipitridae	雕属 *Clanga*
别称：花雕、小花皂雕	英文名：Greater Spotted Eagle	

【形态特征】体长：雄鸟610～690mm，雌鸟660～730mm。较大型猛禽；全身暗褐色，下体色稍淡；喙黑色，蜡膜黄色，虹膜褐色；两翼宽长、平直，初级飞羽浅色；尾上覆羽白色，尾短圆；脚黄色，爪黑色；跗跖被羽。

【生活习性】主要取食小型兽类、鸟类、爬行类等。性孤独。喜久立于树梢上。

【生　　境】喜栖息于溪流、湖泊、林带。

【分　　布】国内见于大部分地区，多为各地候鸟或旅鸟。

【鸣　　声】有时发出单调而响亮的“jiu-jiu”声。

【受威胁和保护等级】VU易危（IUCN，2021）；EN濒危（中国生物多样性红色名录——脊椎动物卷，2020）；国家一级重点保护野生动物。

168 赤腹鹰
Accipiter soloensis

鹰形目 Accipitriformes	鹰科 Accipitridae	鹰属 *Accipiter*
别称：鹅鹰、鸽子鹰	英文名：Chinese Goshawk	

【形态特征】体长：雄鸟270～280mm，雌鸟300～360mm。小型猛禽。雄鸟上体蓝灰色，头灰色；喙黑色，喙上蜡膜大、橙黄色，虹膜淡黄色或黄褐色；肩背有几块白斑；胸部、腹部多橙红色；翼下几乎全白色，仅初级飞羽尖端黑色；脚黄色。雌鸟体较大、眼橙黄色。

【生活习性】主要取食蛙类、蜥蜴等，有时也取食小型鸟类、兽类等。

【生　　境】喜栖息于开阔的山地森林及林缘地带。

【分　　布】国内在长江流域及其以南地区为留鸟，少数可至华北，在海南和台湾为冬候鸟。

【鸣　　声】有时会发出响亮而尖厉的“you-you-you”声。

【受威胁和保护等级】LC无危（IUCN，2021）；LC无危（中国生物多样性红色名录——脊椎动物卷，2020）；国家二级重点保护野生动物。

169 日本松雀鹰
Accipiter gularis

鹰形目 Accipitriformes	鹰科 Accipitridae	鹰属 *Accipiter*

别称：松子、摆胸　　英文名：Japanese Sparrow Hawk

【形态特征】体长：雄鸟250～280mm，雌鸟295～335mm。小型猛禽，翼、尾相对较短；喉部白色，具一道较窄的褐色喉中线；喙石板蓝色、尖端黑；蜡膜黄色，虹膜雄鸟红色、雌鸟黄色；脚黄色，爪黑色。

【生活习性】主要取食小型鸟类、蜥蜴、昆虫等。飞行时振翅极快，频率较高。

【生　　境】喜栖息于山地森林及林缘地带，尤喜欢针叶林和混交林。

【分　　布】国内繁殖于东北、华北地区，迁徙时经过华北、华东地区，越冬于长江中下游及以南地区，包括海南和台湾。

【鸣　　声】有时会发出响亮而尖厉的“wei-you-you”声。

【受威胁和保护等级】LC无危（IUCN，2021）；LC无危（中国生物多样性红色名录——脊椎动物卷，2020）；国家二级重点保护野生动物。

170 雀鹰
Accipiter nisus

鹰形目 Accipitriformes	鹰科 Accipitridae	鹰属 *Accipiter*
别称：鹞鹰、黄鹰	英文名：Eurasian Sparrow Hawk	

【形态特征】体长：雄鸟310～350mm，雌鸟360～410mm。较小型猛禽，翼、尾相对较长。雄鸟头部灰色，喙铅灰色，基部黄绿色，端部黑色，虹膜橙黄色；胸、腹部色浅，具红色细纹；脚橙黄色、爪黑色。雌鸟较大，头部棕褐色，胸、腹部具褐色纹。

【生活习性】主要取食小型鸟类、鼠类和昆虫等。飞行时有振翅、滑翔交替进行的习性。

【生　　境】生境多样化，常栖息于山地森林和林缘地带，尤喜落树和电杆等。

【分　　布】国内见于各地，在东北、西北为夏候鸟，西南为留鸟，东部为冬候鸟，其他地区迁徙时可见。

【鸣　　声】有时会发出响亮而连续的“wei-you，wei-you”声。

【受威胁和保护等级】LC无危（IUCN，2021）；LC无危（中国生物多样性红色名录——脊椎动物卷，2020）；国家二级重点保护野生动物。

171 苍鹰
Accipiter gentilis

鹰形目 Accipitriformes	鹰科 Accipitridae	鹰属 *Accipiter*
别称：牙鹰、鹞鹰、黄鹰、青鹰、元鹰	英文名：Northern Goshawk	

【形态特征】体长：雄鸟470～570mm，雌鸟540～600mm。较大型猛禽，壮实。头部苍灰色，具显著白色眉纹，喉部白色；喙黑色，基部蓝灰色，蜡膜黄绿色，虹膜金黄色；背部苍灰色；胸、腹部近白色，密布灰褐色浅淡横纹；尾羽灰色，具深色横纹；脚黄绿色，跗趾有盾状鳞。

【生活习性】主要取食小型鸟类、哺乳动物。性凶猛、机警、常隐蔽，可在林中快速穿梭。

【生　　境】生境多样化，常栖息于山地森林、丘陵、平原等地带。

【分　　布】国内繁殖于东北、西北和西南部分地区；越冬于南方和东部沿海地区。

【鸣　　声】有时会发出单调的“wei-ou，wei-ou”声。

【受威胁和保护等级】LC无危（IUCN，2021）；NT近危（中国生物多样性红色名录——脊椎动物卷，2020）；国家二级重点保护野生动物。

172 白头鹞

Circus aeruginosus

鹰形目 Accipitriformes	鹰科 Accipitridae	鹞属 *Circus*

别称：白尾巴根子、泽鵟、泽鹞　　英文名：Western Marsh Harrier

【形态特征】体长：雄鸟490～540mm，雌鸟520～600mm。较大型猛禽。雄鸟头、颈、背均为白色；喙黑色，基部蓝灰色，蜡膜黄色，虹膜橙黄色；胸、腹部棕色，具黄褐色纵纹；翼上覆羽具棕褐色斑块；脚黄色，爪黑色。雌鸟整体棕褐色；翼上覆羽具皮黄色三角纹。

【生活习性】主要取食小型脊椎动物。喜沼泽、芦苇上空低空滑翔。

【生　　境】喜栖息于低山平原的湖泊、沼泽、芦苇地等开阔水域。

【分　　布】国内繁殖于西北地区，越冬于西南地区，偶见于华北地区。

【鸣　　声】偶尔发出单调的“jiu-jiu”声，不常叫。

【受威胁和保护等级】LC无危（IUCN，2021）；NT近危（中国生物多样性红色名录——脊椎动物卷，2020）；国家二级重点保护野生动物。

173 白腹鹞 *Circus spilonotus*

鹰形目 Accipitriformes	鹰科 Accipitridae	鹞属 *Circus*

别称：泽鹞、东方沼泽鹞、白尾巴根子　　英文名：Eastern Marsh Harrier

【形态特征】体长：雄鸟500～540mm，雌鸟550～590mm。较大型猛禽；体色多变，整体棕色、棕褐色或黄褐色；喙黑褐色，基部淡黄色，蜡膜暗黄色，虹膜橙黄色；脚黄色。

【生活习性】主要取食小型脊椎动物。喜在沼泽、芦苇上空低空滑翔。

【生　　境】喜栖息于低山平原的湖泊、沼泽、芦苇地等开阔水域。

【分　　布】国内繁殖于东北、华北地区；越冬于南方。

【鸣　　声】偶尔发出连续的“weijiu-weijiu”声，不常叫。

【受威胁和保护等级】LC无危（IUCN，2021）；NT近危（中国生物多样性红色名录——脊椎动物卷，2020）；国家二级重点保护野生动物。

174 白尾鹞 *Circus cyaneus*

鹰形目 Accipitriformes	鹰科 Accipitridae	鹞属 *Circus*
别称：灰泽鹞、灰鹞、灰鹰、鸡鸟	英文名：Hen Harrier	

【形态特征】体长：雄鸟450～490mm，雌鸟450～530mm。较大型猛禽；雄鸟灰色，下胸部、腹部白色；尾上覆羽灰色；喙黑色，基部蓝灰色，蜡膜黄绿色，虹膜橙黄色，亚成鸟褐色；脚黄色，爪黑色。雌鸟棕褐色，胸部、腹部黄褐色，具明显棕色纵纹；尾上覆羽白色。

【生活习性】主要取食小型脊椎动物。喜欢在沼泽、芦苇上空低空滑翔。

【生　　境】喜栖息于低山平原的湖泊、沼泽、芦苇地等开阔水域。

【分　　布】国内繁殖于东北、西北地区；越冬于长江流域及其以南大部分地区。

【鸣　　声】偶尔发出连续的“ai-ji-jiu-jiu”声，不常叫。

【受威胁和保护等级】LC无危（IUCN，2021）；NT近危（中国生物多样性红色名录——脊椎动物卷，2020）；国家二级重点保护野生动物。

175 鹊鹞
Circus melanoleucos

鹰形目 Accipitriformes	鹰科 Accipitridae	鹞属 *Circus*
别称：喜鹊鹞、喜雀鹰、黑白尾鹞、花泽鹞	英文名：Pied Harrier	

【形态特征】体长：雄鸟420～480mm，雌鸟430～470mm。较大型猛禽；雄鸟头部、颈部、前胸黑色；翼上、翼下白色为主，外侧初级飞羽大范围黑色，覆羽具黑色条带，与背部黑色部分形成三叉形斑纹；腹部、尾羽、尾上下覆羽白色；喙黑灰色，蜡膜黄绿色，虹膜黄色；脚黄色。雌鸟棕褐色；胸部黄褐色具较明显棕色纵纹，腹部色浅而少纵纹。

【生活习性】主要取食小型鸟类、爬行类、两栖类。喜欢在沼泽、芦苇上空低空滑翔。

【生　　境】喜栖息于低山平原的湖泊、沼泽、芦苇地等开阔水域。

【分　　布】国内繁殖于东北地区，越冬于长江以南地区，迁徙时见于东部地区。

【鸣　　声】通常叫声并不响亮，只有繁殖期才发出洪亮、尖锐的叫声，似“ki-ki”。

【受威胁和保护等级】LC无危（IUCN，2021）；NT近危（中国生物多样性红色名录——脊椎动物卷，2020）；国家二级重点保护野生动物。

176 黑鸢
Milvus migrans

鹰形目 Accipitriformes	鹰科 Accipitridae	鸢属 *Milvus*

别称：黑耳鸢、老鹰、老雕、黑鹰、鸡屎鹰　　英文名：Black Kite

【形态特征】体长：雄鸟540～660mm，雌鸟585～690mm。较大型猛禽；体深褐色，腹部褐色，略具深色纵纹；翼下具较明显的白色翅窗；尾羽中部内陷呈叉状；喙黑色，蜡膜、下喙基黄绿色，虹膜暗褐色；脚黄绿色，爪黑色。

【生活习性】主要取食小型哺乳动物、小型鸟类、动物尸体。

【生　　境】生境多样，常栖息于城镇、村庄、山区林地、河流附近等。

【分　　布】国内在东北为夏候鸟，在除青藏高原腹地外的广大地区为留鸟。

【鸣　　声】有时会发出连续的“weiyou-weiyou”声。

【受威胁和保护等级】LC无危（IUCN，2021）；LC无危（中国生物多样性红色名录——脊椎动物卷，2020）；国家二级重点保护野生动物。

177 白尾海雕
Haliaeetus albicilla

鹰形目 Accipitriformes	鹰科 Accipitridae	海雕属 *Haliaeetus*
别称：白尾雕、黄嘴雕、芝麻雕	英文名：White-tailed Sea Eagle	

【形态特征】体长：雄鸟840～850mm，雌鸟860～910mm。大型猛禽；翼宽大，尾较短；背部、翼上覆羽浅褐色；头、颈部皮黄色；喙粗大，黄色，虹膜黄色，亚成鸟为褐色；胸、腹部深褐色；飞羽颜色较深，近黑色；尾羽白色，尾下覆羽深褐色；脚黄色，爪黑色。

【生活习性】主要取食鱼类，有时也取食中型鸟类、中小型兽类、动物尸体等。

【生　　境】喜栖息于湖泊、河流、海岸、岛屿、入海口及河口地带。

【分　　布】国内繁殖于东北地区；越冬于黄河流域及其以南的大部分地区，包括台湾。

【鸣　　声】有时会发出尖锐而响亮的“wang-ang，wang-ang”声。

【受威胁和保护等级】LC无危（IUCN，2021）；VU易危（中国生物多样性红色名录——脊椎动物卷，2020）；CITES附录I（2023）；国家一级重点保护野生动物。

178 灰脸鵟鹰
Butastur indicus

鹰形目 Accipitriformes	鹰科 Accipitridae	鵟鹰属 *Butastur*
别称：灰脸鹰、灰面鹞	英文名：Grey-faced Buzzard	

【形态特征】体长：雄鸟 390～460mm，雌鸟 430～445mm。中型猛禽，翼窄长，尾较长；雄鸟头部灰褐色，白色眉纹不明显，喉部白色，具一道明显的深褐色喉中线；喙黑色，基部、蜡膜黄色，虹膜黄色；胸部整片褐色；翼灰褐色，尾部灰褐色，具明显褐色横带；脚黄色，爪黑色。雌鸟白色眉纹较明显；胸部褐色多白斑。

【生活习性】主要取食小型脊椎动物，也会取食昆虫。飞行缓慢。

【生　　境】喜栖息于阔叶林、针阔混交林、山地丘陵、农田和村落等开阔地带。

【分　　布】国内繁殖于东北至环渤海地区，越冬于长江以南。

【鸣　　声】有时会发出响亮的“zei-wei-ao”声。

【受威胁和保护等级】LC 无危（IUCN，2021）；NT 近危（中国生物多样性红色名录——脊椎动物卷，2020）；国家二级重点保护野生动物。

179 毛脚鵟 *Buteo lagopus*

鹰形目 Accipitriformes	鹰科 Accipitridae	鵟属 *Buteo*
别称：毛足鵟、雪白豹	英文名：Rough-legged Buzzard	

【形态特征】体长：雄鸟510～540mm，雌鸟545～600mm。较大型猛禽，翼较宽大。喙黑褐色，蜡膜黄色，虹膜黄色；脚黄色，爪角质色。

【生活习性】主要取食鼠类、小型鸟类，有时会取食野兔、矮鸡等。

【生　　境】喜栖息于开阔平原、林缘、低山丘陵和农田草地等地带。

【分　　布】国内分布于西北、东北至东部沿海地区，多为各地冬候鸟。

【鸣　　声】有时发出响亮的“a-a”声，具颤音。

【受威胁和保护等级】LC无危（IUCN，2021）；NT近危（中国生物多样性红色名录——脊椎动物卷，2020）；国家二级重点保护野生动物。

180 大鵟 *Buteo hemilasius*

鹰形目 Accipitriformes	鹰科 Accipitridae	鵟属 *Buteo*
别称：白鹭豹、豪豹	英文名：Upland Buzzard	

【形态特征】体长：雄鸟585～620mm，雌鸟570～670mm。较大型猛禽，雌雄相似；体色多变浅色型、中间型较常见，深色型少见。头、喉、颈近白色；喙黑褐色，蜡膜黄绿色，虹膜黄褐或黄色；胸略白，斑少纹；腹具深褐斑；翼宽大，多褐色，翼上具明显翅窗；尾羽近白色，具不明显斑纹；脚暗黄色、爪黑色。

【生活习性】主要取食鼠类、中小型鸟类，有时也会取食蛇类、蜥蜴、昆虫等。

【生　　境】喜栖息于山地、山区平原、草原等开阔地带。

【分　　布】国内分布于北方大部分地区，包括台湾，为各地候鸟或留鸟。

【鸣　　声】有时发出响亮的“a–a”声，声音较悠远。

【受威胁和保护等级】LC无危（IUCN，2021）；VU易危（中国生物多样性红色名录——脊椎动物卷，2020）；国家二级重点保护野生动物。

181 普通𫛭 *Buteo japonicus*

鹰形目 Accipitriformes	鹰科 Accipitridae	𫛭属 *Buteo*
别称：东方鵟、鸡母鹞	英文名：Eastern Buzzard	

【形态特征】体长：雄鸟500～590mm，雌鸟485～560mm。较大型猛禽，雌雄相似。体色多变，棕色型（翼棕褐色）较常见，暗色型（全身黑褐色）少见。全身棕褐；喙灰，端黑、蜡膜黄，虹膜黄或褐；胸皮黄，少斑纹；腹皮黄，多具深褐斑；翼宽大，多褐色，背、翼上褐，翼上无明显翅窗；尾羽褐，尾下色浅，尾下覆羽皮黄，几乎无斑纹；脚黄。

【生活习性】主要取食鼠类，有时也会取食小型鸟类、蛙类、蛇类等。

【生　　境】喜栖息于低山丘陵、山地森林、林缘、农田草地、山脚平原等开阔地带。

【分　　布】国内分布于各地，多为候鸟。

【鸣　　声】有时发出响亮而尖锐的“vi–vi”声。

【受威胁和保护等级】LC无危（IUCN，2021）；LC无危（中国生物多样性红色名录——脊椎动物卷，2020）；国家二级重点保护野生动物。

182 戴胜
Upupa epops

犀鸟目 Bucerotiformes	戴胜科 Upupidae	戴胜属 *Upupa*
别称：廉姑、臭咯咕、呼悖悖、鸡冠鸟	英文名：Eurasian Hoopoe	

【形态特征】体长：雄鸟247～310mm，雌鸟250～300mm。头具狭形羽所成的羽冠，后部冠羽最长；喙细长而不弯；跗跖短；趾仅第3、4趾基部有并连；喙黑色；虹膜暗褐色；脚铅黑色。

【生活习性】主要以昆虫为食，地面觅食，留鸟。走动敏捷，飞行略呈波浪形推进；鼓翼则如蝴蝶方式。

【生　　境】常单独或成对分散于山区或平原的开阔地、耕地、果园、河谷、农田、草地、湿地。

【分　　布】国内分布于绝大多数地区，一般在江北为夏候鸟，在江南为留鸟。

【鸣　　声】叫声深沉，三声一段，似若“hu-po-po”的一连数次急鸣，声音由高至低，“呼悖悖”之名就是拟其叫声而称的。

【受威胁和保护等级】LC无危（IUCN，2020）；LC无危（中国生物多样性红色名录——脊椎动物卷，2020）；中国三有保护鸟类。

183 三宝鸟 *Eurystomus orientalis*

佛法僧目 Coraciiformes	佛法僧科 Coraciidae	三宝鸟属 *Eurystomus*
别称：宽嘴佛法僧、老鸹翠、佛法僧	英文名：Oriental Dollarbird	

【形态特征】体长：雄鸟245～290mm，雌鸟247～290mm。喙宽短，基部膨大，端部侧扁，喙峰甚弯；无喙须；尾几为方形；羽色大致为头、尾黑色，躯体蓝绿色；喙朱红色，虹膜暗褐色；脚朱红色。

【生活习性】常久停不飞，飞速不甚快。主要以昆虫为食。发情飞舞姿态特异。

【生　　境】林栖性鸟类，喜栖于山坡高大树木顶枝。

【分　　布】夏时遍布我国东半部以至西抵贺兰山、四川峨眉山和云南极西部，终年留居广东大陆（包括香港、澳门）及海南，在台湾越冬。

【鸣　　声】鸣叫粗粝、单调，似“ga-ga”的连续急鸣，常发自起飞时，平时多寂静无声。

【受威胁和保护等级】LC无危（IUCN，2016）；LC无危（中国生物多样性红色名录——脊椎动物卷，2020）；中国三有保护鸟类；河北省重点保护鸟类。

184 普通翠鸟
Alcedo atthis

佛法僧目 Coraciiformes	翠鸟科 Alcedinidae	翠鸟属 *Alcedo*
别称：翊、鱼狗、水狗、水雀、翠雀儿、钓鱼郎、小翠鱼狗		英文名：Common Kingfisher

【形态特征】体长：雄鸟 160～175mm，雌鸟 151～175mm。体小；喙长；背面翠蓝，腹面棕色；多以直挺的姿势栖临水旁，历久不动；喙黑褐色，虹膜淡褐色；脚珊瑚红色。

【生活习性】单独或成对栖息，以鱼虾为食，兼食一些甲壳类和水生昆虫；飞行疾速，常循着直线，低掠水面而过。

【生　　境】喜栖息于池塘、水库、小溪等近水的树枝或岩石上。

【分　　布】国内除新疆东部、青海、西藏北部外，全国均有分布，包括台湾和海南。

【鸣　　声】叫声为抑扬而悠长的单声“ji”，或为连续不断的“ji-ji-ji”，尖锐似箫，常于飞时发声，直至停下。

【受威胁和保护等级】LC 无危（IUCN，2016）；LC 无危（中国生物多样性红色名录——脊椎动物卷，2020）；中国三有保护鸟类。

185 冠鱼狗

Megaceryle lugubris

佛法僧目 Coraciiformes	翠鸟科 Alcedinidae	大鱼狗属 *Megaceryle*
别称：花钓鱼郎、花鱼狗、大啄鱼	英文名：Crested Kingfisher	

【形态特征】体长：雄鸟380～430mm，雌鸟375～420mm。头顶、头侧及羽冠黑色，杂以白点，羽冠中和后头羽白，杂以黑点；上体较淡、白斑较宽；喙黑色、喙尖带黄白色，虹膜褐色；脚铅色。

【生活习性】食为鱼、虾。常巢营于山区溪流、湖泊等的陡岸和悬崖上，有时在堤坝和田坎上挖洞为巢。

【生　　境】栖于林间溪流、河域、水塘、湖沼边。

【分　　布】国内分布于从东北到华南的大部分地区。

【鸣　　声】边飞边叫，反复发出短促干涩的“ji”的叫声。

【受威胁和保护等级】LC无危（IUCN，2016）；NT近危（中国生物多样性红色名录——脊椎动物卷，2020）。

186 斑鱼狗
Ceryle rudis

佛法僧目 Coraciiformes	翠鸟科 Alcedinidae	鱼狗属 *Ceryle*
别称：小啄鱼、花斑钓鱼郎	英文名：Pied Kingfisher	

【形态特征】体长：雄鸟 273～282mm，雌鸟 266～286mm。似冠鱼狗，但体较小，羽冠较小；眼后具一道长而阔的白色眉纹；尾羽白色，具宽阔的黑色次端斑；胸黑色，中间有一粗的白色胸环，形成黑、白、黑色三条胸环（两条胸环为雄）；喙黑色，虹膜淡褐色；脚黑色。

【生活习性】捕食鱼、虾、蟹及水生昆虫等。以堤岸或断崖的土洞为巢，飞行速度较缓慢，觅食时，常贴近水面低飞，来回穿梭，性机敏。

【生　　境】栖息于林间溪流、河域、水塘，常停于岸边离水面较近的树上。

【分　　布】国内分布于西南至东南地区，以及海南，为常见的留鸟。

【鸣　　声】发出尖厉的哨声，似“ji ji”声。

【受威胁和保护等级】LC 无危（IUCN，2017）；LC 无危（中国生物多样性红色名录——脊椎动物卷，2020）。

187 蓝翡翠
Halcyon pileata

佛法僧目 Coraciiformes	翠鸟科 Alcedinidae	翡翠属 *Halcyon*

别称：秦椒嘴、黑头翡翠、黑顶翠鸟、山翊、蓝鱼狗　　英文名：Black-capped Kingfisher

【形态特征】体长：雄鸟 252～310mm，雌鸟 250～310mm。似白胸翡翠，但头顶黑色，颈有白圈，上体余部大都辉蓝色，而白胸翡翠为蓝绿色；喙珊瑚红色，虹膜暗褐色；脚红色。

【生活习性】食虾蟹、昆虫、鱼、蛙等；飞行直而迅速；巢营于林中茂密的河岸或水田附近堤岸的隧道中，或峭壁洞穴中。

【生　　境】栖息于较开阔的平原和山麓地带，喜在沼泽、池塘及多树的溪旁等。

【分　　布】国内繁殖于东北、华北、华东和西南大部分地区，在华南、海南和台湾地区为留鸟。

【鸣　　声】声音嘹亮，单音节“jiu-jiu”；进巢前为“jiu-jiu”；当人靠近巢或雏鸟时，发出急促的“jijijiu-jiujiu”或“jiujiujiu-jiujiujiu”的叫声。

【受威胁和保护等级】VU 易危（IUCN，2022）；LC 无危（中国生物多样性红色名录——脊椎动物卷，2020）；中国三有保护鸟类；河北省重点保护鸟类。

188 蚁䴕 *Jynx torquilla*

啄木鸟目 Piciformes	啄木鸟科 Picidae	蚁䴕属 *Jynx*
别称：鸫颈、歪脖、蛇皮鸟、地啄木、地啄必鸟、鸫鹨、树皮鸟		英文名：Wryneck

【形态特征】体长：雄鸟160～195mm，雌鸟170～195mm。上体大都银灰色，满杂以黑褐色细斑和粗纹，犹如蛇蜕或老树皮状；下体近白，前部和两胁均具横斑；喙铅灰色，虹膜淡栗色（或棕色）；脚铅灰色。

【生活习性】食蚁类，兼食小型甲虫及其他昆虫；多单个活动；足四趾，2个向前，2个向后，适于攀登。常在地面上觅食，又称地啄木。地上跳跃式行走，似麻雀，但尾上翘。常能伸展颈部，向各方扭转，故俗间称其歪脖。

【生　　境】栖息于低山、平原的林带，尤其喜阔叶林。

【分　　布】国内繁殖于西北、中北部山区及东北地区，迁徙时经国内大部分地区，越冬于长江以南的大部分地区。

【鸣　　声】叫声似“wei-wei-wei”，音短促而尖锐，且常连着叫。

【受威胁和保护等级】LC无危（IUCN，2017）；LC无危（中国生物多样性红色名录——脊椎动物卷，2020）；中国三有保护鸟类；河北省重点保护鸟类。

189 灰头绿啄木鸟 *Picus canus*

啄木鸟目 Piciformes	啄木鸟科 Picidae	绿啄木鸟属 *Picus*

别称：山裂、山啄木、火老鸦、绿喷打木、绿啄木　　英文名：Grey-headed Woodpecker

【形态特征】体长：雄鸟、雌鸟270～320mm。通体绿色，雄鸟前头有红斑，雌鸟与雄鸟相似，额和头顶无红色，代之黑色；喙灰色，虹膜红褐色；脚灰黑色。

【生活习性】食蚂蚁及其他昆虫。攀树索虫为食，但亦在地面觅食。

【生　　境】喜栖息于针阔混交林、次生阔叶林地带，迁徙喜经沿海林带，常随食物而漂泊不定。

【分　　布】国内名省区几乎均有分布，为留鸟。

【鸣　　声】叫声似“ga-ga-ga-ga”，每次连叫4～7声，有时在一分钟内叫5～6次。

【受威胁和保护等级】LC无危（IUCN，2016）；LC无危（中国生物多样性红色名录——脊椎动物卷，2020）；中国三有保护鸟类；河北省重点保护鸟类。

190 星头啄木鸟 *Picoides canicapillus*

啄木鸟目 Piciformes	啄木鸟科 Picidae	啄木鸟属 *Picoides*

别称：红星头喷打木、一点红、北啄木鸟、红星啄木　英文名：Grey-Capped Woodpecker

【形态特征】体长：雄鸟142～164mm，雌鸟145～180mm。通体黑白相杂，似小斑啄木鸟，但体较小，下体布满条纹，尾下无红色。雄鸟后头亦无红色块斑，仅两侧具狭小的红色纵纹，有如火花。喙灰褐色，虹膜棕红色；脚淡绿褐色。

【生活习性】啄虫为食，嗜吃蚂蚁、甲虫和蛾类幼虫等。飞行迅速，呈波状，常成对在林间飞翔觅食。巢营于树洞里。

【生　　境】喜针阔混交林、次生阔叶林地带，迁徙喜经沿海林带。

【分　　布】国内广泛分布于东部和中部地区，以及海南和台湾，为留鸟。

【鸣　　声】叫声似大斑啄木鸟，“zhi”声，不如其尖锐。

【受威胁和保护等级】LC无危（IUCN，2016）；LC无危（中国生物多样性红色名录——脊椎动物卷，2020）；中国三有保护鸟类；河北省重点保护鸟类。

191 大斑啄木鸟 *Dendrocopos major*

啄木鸟目 Piciformes	啄木鸟科 Picidae	啄木鸟属 *Dendrocopos*
别称：赤裂、臭喷打木、花啄木、啄木冠、叨木冠		英文名：Great Spotted Woodpecker

【形态特征】体长：雄鸟210～260mm，雌鸟213～250mm。上黑下白，翼黑色而具白斑，尾下红色；雄鸟后头亦有红斑，雌鸟无红色枕斑；喙黑色，虹膜暗红色；脚褐色。

【生活习性】啄食钻树害虫，如天牛、吉丁虫、小蠹虫、透翅蛾等。足四趾，二趾向前，二趾向后，具锐爪，适于攀登树木。

【生　　境】喜针阔混交林、次生阔叶林地带，常见于山地和平原的园圃、村寨、树丛及森林间，迁徙喜经沿海林带。

【分　　布】国内分布于除西藏和台湾外的各地区。

【鸣　　声】叫声尖锐，很似“zhi”声。

【受威胁和保护等级】LC无危（IUCN，2016）；LC无危（中国生物多样性红色名录——脊椎动物卷，2020）；中国三有保护鸟类；河北省重点保护鸟类。

192 黄爪隼
Falco naumanni

隼形目 Falconiformes	隼科 Falconidae	隼属 *Falco*
别称：黄脚鹰	英文名：Lesser Kestrel	

【形态特征】体长：雄鸟285～340mm，雌鸟305～330mm。翼窄长，翼端尖，尾长。雄鸟头灰色；胸、腹皮黄色，具褐斑；翼下亮灰，少斑纹；翼上覆羽、背砖红色；飞羽上面黑色；尾灰色，尾端明显黑；喙蓝灰色、蜡膜橙黄色，虹膜深褐色；脚黄色、爪淡黄或白。雌鸟头灰褐色；翼下浅灰色，具褐斑，背褐色；尾红褐色，具褐色横纹。

【生活习性】主要以酸性草本植物为食，有时捕食小型鸟类、蜥蜴、昆虫等。

【生　　境】栖息于开阔荒野、农田、草原、农田等地带；繁殖期喜群居。

【分　　布】国内繁殖于西北至东北，在西南越冬。

【鸣　　声】叫声单调，似红隼但节奏较快。

【受威胁和保护等级】LC无危（IUCN，2021）；VU易危（中国生物多样性红色名录——脊椎动物卷，2020）；国家二级重点保护野生动物。

193 红隼
Falco tinnunculus

隼形目 Falconiformes	隼科 Falconidae	隼属 *Falco*
别称：茶隼、红鹰、黄鹰、红鹞子	英文名：Common Kestrel	

【形态特征】体长：雄鸟320～340mm，雌鸟305～360mm。翼窄长，翼端尖，尾长。雄鸟头灰色，颊白；胸、腹皮黄色，具褐斑；翼下浅灰色，具褐斑；翼上覆羽、背砖红色，具褐斑；飞羽上面近黑色；尾下覆羽白少斑纹；尾灰色，尾端明显黑；喙蓝灰色，端黑、蜡膜黄，虹膜深褐色；脚黄色、爪黑。雌鸟头灰褐色；尾红褐色，具褐色横纹。

【生活习性】主要捕食鼠类，有时亦捕食小型鸟类、蜥蜴、蛙类和昆虫等。

【生　　境】常栖息于山地森林、低山丘陵、山脚平原、开阔草原、农田等各类生境。

【分　　布】国内广布，各地各季均可见。

【鸣　　声】叫声单调而连续。

【受威胁和保护等级】LC无危（IUCN，2021）；LC无危（中国生物多样性红色名录——脊椎动物卷，2020）；国家二级重点保护野生动物。

194 红脚隼

Falco amurensis

隼形目 Falconiformes	隼科 Falconidae	隼属 *Falco*
别称：阿穆尔隼	英文名：Eastern Red-footed Falcon	

【形态特征】体长：雄鸟255～295mm，雌鸟270～290mm。翼窄长，翼端较尖。雄鸟头深灰色；胸、腹灰色；翼下覆羽亮白，飞羽深灰，翼上覆羽、背深灰色；尾下覆羽橙红色，尾灰色。雌鸟颊白色；胸、腹白色，具灰褐斑纹；尾下覆羽浅橙色；喙灰色、蜡膜红色，虹膜深褐色；脚橙红色、爪黄。

【生活习性】主要食昆虫，有时捕食小型鸟类、蜥蜴、蛙类等。常与黄爪隼混群。

【生　　境】常栖息于山脚平原、草原、农田等地带。

【分　　布】国内主要分布于除横断山脉以西及以北外广大地区，繁殖在北方，迁徙经过南方地区及台湾。

【鸣　　声】单调而响亮的“yi yi yi”声。

【受威胁和保护等级】LC无危（IUCN，2021）；NT近危（中国生物多样性红色名录——脊椎动物卷，2020）；国家二级重点保护野生动物。

195 灰背隼
Falco columbarius

隼形目 Falconiformes	隼科 Falconidae	隼属 *Falco*
别称：灰鹞子、朵子	英文名：Merlin	

【形态特征】体长：雄鸟270～300mm，雌鸟280～310mm。翼端较钝。雄鸟头灰色，枕棕褐色；胸、腹棕褐色，具深褐斑纹；翼下色浅，具灰褐斑纹，翼上覆羽、背灰色；尾灰色。雌鸟整体棕褐色；胸、腹色浅，具棕褐斑纹；尾棕褐色，具深褐横纹；喙蓝灰色、蜡膜黄色，虹膜深褐色；脚黄色、爪黑。

【生活习性】主要捕食小型鼠类，有时亦捕食蜥蜴、昆虫等；常在近地面处高速飞行。

【生　　境】常栖息于开阔平原、草地、农田等各类生境。

【分　　布】国内分布于西北地区，东部为在南方越冬。

【鸣　　声】常发出响亮而连续的“yi yi yi”声。

【受威胁和保护等级】LC无危（IUCN，2021）；NT近危（中国生物多样性红色名录——脊椎动物卷，2020）；国家二级重点保护野生动物。

196 燕隼
Falco subbuteo

隼形目 Falconiformes	隼科 Falconidae	隼属 *Falco*
别称：虫鹞、儿隼、蚂蚱鹰、青条子、土鹘	英文名：Eurasian Hobby	

【形态特征】体长：雄鸟290～330mm，雌鸟300～350mm。翼窄长，翼端较尖。头部深灰色，具一道深灰色斑；胸、腹具深褐色纵纹；翼下浅色，具灰褐色斑纹，翼上覆羽、背部灰色；尾下覆羽棕红，尾羽灰色；喙蓝灰色，端黑、喙基黄色，虹膜黑褐色；脚黄色。

【生活习性】食物以小型鱼类为主，有时捕食昆虫。

【生　　境】常栖息于开阔平原、山地森林、低山丘陵、农田、海岸等地带，常落于电线。

【分　　布】国内繁殖于北方大部分地区，多在南方越冬。

【鸣　　声】常发出尖锐的“ki ki ki”声。

【受威胁和保护等级】LC无危（IUCN，2021）；LC无危（中国生物多样性红色名录——脊椎动物卷，2020）；国家二级重点保护野生动物。

197 猎隼 *Falco cherrug*

隼形目 Falconiformes	隼科 Falconidae	隼属 *Falco*
别称：海冬青、兔虎、闯赫尔－那青	英文名：Saker Falcon	

【形态特征】体长：雄鸟430～580mm，雌鸟520～590mm。头顶褐色，具一道褐色髭斑；胸、腹部近白色，具点状斑纹；翼下浅色，具不明显褐色斑纹，翼上覆羽、背部、尾褐色；喙蓝灰色，端黑、基部黄绿、蜡膜暗黄，虹膜深褐色；脚黄绿色、爪黑。

【生活习性】食野兔、鼠类等。

【生　　境】常栖息于低山丘陵、无林旷野、河道、海岸、平原及农田等地带。

【分　　布】国内繁殖于西北至东北，部分种群在较南方越冬。

【鸣　　声】叫声较为沙哑。

【受威胁和保护等级】EN濒危（IUCN，2021）；EN濒危（中国生物多样性红色名录——脊椎动物卷，2020）；国家一级重点保护野生动物。

198 游隼 *Falco peregrinus*

隼形目 Falconiformes	隼科 Falconidae	隼属 *Falco*
别称：青燕、花梨鹰、鸭虎、那青	英文名：Peregrine Faicon	

【形态特征】体长：雄鸟415～455mm，雌鸟450～500mm。翼窄长。头灰黑色，具一宽大灰髭斑；胸白色，少斑纹，腹白色或略带红，具明显横纹；翼下色浅，覆羽具明显褐色横纹，翼上覆羽、背、尾羽黑灰色；喙蓝灰色，端黑、基部和蜡膜黄色，虹膜深褐色；脚橙黄色、爪黄。

【生活习性】主要食中小型鸟类，有时亦捕食鼠类、野兔等小型兽类。

【生　　境】常栖息于山地、荒漠、丘陵、海岸、草原、河流、沼泽、农田等地。

【分　　布】国内东部地区为候鸟，西北和西南地区为留鸟。

【鸣　　声】常发出沙哑而单调的“ga-ga-ga”声。

【受威胁和保护等级】LC无危（IUCN，2021）；NT近危（中国生物多样性红色名录——脊椎动物卷，2020）；CITES附录I（2023）；国家二级重点保护野生动物。

199 黑枕黄鹂 *Oriolus chinensis*

雀形目 Passeriformes	黄鹂科 Oriolidae	黄鹂属 *Oriolus*
别称：黄莺、青鸟、黄伯劳、黄鸟、黄鹂	英文名：Black-naped Oriole	

【形态特征】体长：雄鸟 220～287mm，雌鸟 225～260mm。通体黄色或绿黄色，一条宽阔黑纹自额基、眼先、过眼而至枕部；翅、尾大都为黑色；喙粉红色，虹膜红褐；脚铅蓝色。

【生活习性】主要以昆虫为食；典型树栖鸟类，很少下到地面，多在高大树木的树冠中隐匿，单只或成对活动。会模仿其他鸟的叫声。

【生　　境】栖息于平原至低山的阔叶林和针阔混交林内。

【分　　布】国内分布于除西藏、新疆及内蒙古部分地区以外的广大区域，为常见的夏候鸟及旅鸟。

【鸣　　声】鸣声似“ou------wi ao”，拖长而沙哑。

【受威胁和保护等级】LC 无危（IUCN，2018）；LC 无危（中国生物多样性红色名录——脊椎动物卷，2020）；中国三有保护鸟类；河北省重点保护鸟类。

200 灰山椒鸟
Pericrocotus divaricatus

雀形目 Passeriformes	山椒鸟科 Campephagidae	山椒鸟属 *Pericrocotus*
别称：黄嘴黑老鸦、宾灰燕儿、呆鸟、十字鸟	英文名：Ashy Minivet	

【形态特征】体长：雄鸟 180～210mm，雌鸟 185～200mm。雄鸟额白色，眼先至头后黑色。上体和中小覆羽铁灰色，大覆羽和飞羽黑色，飞羽中部具白斑；中央尾羽黑色，其余尾羽末端白色；颏、喉及下体白色；喙、脚黑色，虹膜暗褐色。雌鸟头大部灰色，下体污白色。

【生活习性】多在树冠搜寻昆虫，常集群活动。

【生　　境】栖息于茂密阔叶林、河岸等多种类型的林地，喜树顶冠。

【分　　布】繁殖于东北地区，迁徙时大群主要见于东部沿海地区。

【鸣　　声】带有金属音的铃音，似一串“gi-li-li”声。

【受威胁和保护等级】LC 无危（IUCN，2018）；LC 无危（中国生物多样性红色名录——脊椎动物卷，2020）；中国三有保护鸟类。

201 长尾山椒鸟
Pericrocotus ethologus

雀形目 Passeriformes	山椒鸟科 Campephagidae	山椒鸟属 *Pericrocotus*
别称：山椒鸟	英文名：Long-tailed Minivet	

【形态特征】体长：雄鸟 170～200mm，雌鸟 180～200mm。雄鸟头部至上体黑色，带有蓝色光泽；尾相对较长，翼上色斑呈叉状；喙黑色，虹膜深褐色；脚黑色。雌鸟上体橄榄灰色。

【生活习性】取食昆虫，常集群活动。

【生　　境】栖息于海拔较高的开阔林地、茂密阔叶林、河岸，喜树顶冠。

【分　　布】国内分布于华北、华中至西南地区，云南地区冬季可见。

【鸣　　声】甜美的双音节哨音“di di”。

【受威胁和保护等级】LC 无危（IUCN，2012）；LC 无危（中国生物多样性红色名录——脊椎动物卷，2020）。

202 黑卷尾
Dicrurus macrocercus

雀形目 Passeriformes	卷尾科 Dicruridae	卷尾属 *Dicrurus*
别称：黑黎鸡、篱鸡、铁炼甲、铁燕子、龙尾燕、吃杯茶		英文名：Black Drongo

【形态特征】体长：雄鸟235～300mm，雌鸟245～288mm。全身深灰黑色，具铜蓝绿色金属光泽；喙侧扁；尾羽长，深分叉；头顶额无发冠；喙黑色；虹膜棕红色；脚黑色。

【生活习性】捕食昆虫，在空中滑翔翻腾。多成对活动，为黎明报时标志。性喜结群鸣闹咬架、好斗，性凶猛。

【生　　境】栖息活动于山坡、平原丘陵地带的阔叶林。

【分　　布】国内分布于北至东北的广大东部、中西部及西南部地区，以及海南和台湾的常见夏候鸟或留鸟。

【鸣　　声】噪杂粗糙，似“chiben-chaben”，会模仿其他鸟叫声。

【受威胁和保护等级】LC无危（IUCN，2016）；LC无危（中国生物多样性红色名录——脊椎动物卷，2020）；中国三有保护鸟类；河北省重点保护鸟类。

203 紫寿带
Terpsiphone atrocaudata

雀形目 Passeriformes	王鹟科 Monarchidae	寿带属 *Terpsiphone*
别称：紫寿带鸟	英文名：Japanese Paradise Flycatcher	

【形态特征】体长：雄鸟215～420mm，雌鸟180mm。雄鸟羽冠、头黑色或蓝黑色，胸部羽毛黑灰色，具紫蓝色光泽；喙和眼周蓝色；上体余部、胁紫红色；尾羽紫黑色，中尾羽极长；喙蓝色，虹膜深褐色；脚铅黑色。雌鸟羽冠较短，羽短而较平，无极长中央尾羽。

【生活习性】主要以昆虫为食，性凶猛，领域性强，善鸣叫。

【生　　境】栖息于低山丘陵、山脚平原的阔叶林和次生林，喜沟谷、溪流附近。

【分　　布】国内主要见于东部及南部。

【鸣　　声】似笛声，甚响亮“chui-chui-chui”声。

【受威胁和保护等级】NT近危（IUCN，2016）；NT近危（中国生物多样性红色名录——脊椎动物卷，2020）；河北省重点保护鸟类。

204 虎纹伯劳
Lanius tigrinus

雀形目 Passeriformes	伯劳科 Laniidae	伯劳属 *Lanius*
别称：虎伯劳、花伯劳	英文名：Tiger Shrike	

【形态特征】体长：雄鸟 156～197mm，雌鸟 150～190mm。额至上背灰色，其后为栗褐色，具黑色鳞斑；尾羽褐色；下体近纯白色；喙黑色，虹膜褐色；脚黑色。

【生活习性】主要以昆虫为食，性凶猛，常固定场所停栖。多筑巢于松树、柞树、栗树及洋槐等树上，巢置于主干的枝杈间，杯状，结构松散。

【生　　境】林栖，喜低山丘陵、林带和灌丛，多栖息在疏林边缘。

【分　　布】国内常见于从东北到华南、西南的大部分地区和台湾，主要为夏候鸟，越冬于广西、广东及台湾等地。

【鸣　　声】鸣声粗粝，似“zhi-zhi”声。

【受威胁和保护等级】LC 无危（IUCN，2016）；LC 无危（中国生物多样性红色名录——脊椎动物卷，2020）；中国三有保护鸟类；河北省重点保护鸟类。

205 牛头伯劳
Lanius bucephalus

雀形目 Passeriformes	伯劳科 Laniidae	伯劳属 *Lanius*

别称：红头伯劳　　英文名：Bull-headed Shrike

【形态特征】体长：雄鸟 180～225mm，雌鸟 177～230mm。额、头顶至上背栗色；背羽灰褐；尾羽黑褐；下体污白，胸、胁染橙色并具显著黑褐色鳞纹；喙黑色、下喙基部黄褐色，虹膜暗褐色；脚黑色。

【生活习性】主要以昆虫为主食，性活跃。

【生　　境】栖息于低山、丘陵和平原地带的疏林和林缘灌丛。

【分　　布】国内主要繁殖于东北和华北地区，越冬于长江以南和台湾，在秦岭附近有留鸟。

【鸣　　声】鸣声粗粝洪亮。

【受威胁和保护等级】LC 无危（IUCN，2017）；LC 无危（中国生物多样性红色名录——脊椎动物卷，2020）；中国三有保护鸟类；河北省重点保护鸟类。

206 红尾伯劳 *Lanius cristatus*

雀形目 Passeriformes	伯劳科 Laniidae	伯劳属 *Lanius*
别称：褐伯劳	英文名：Brown Shrike	

【形态特征】体长：雄鸟 170～210mm，雌鸟 178～210mm。体略小。雄鸟头顶、枕灰色，黑色贯眼纹宽；背、翼和尾羽棕褐色。初级飞羽不具翅斑。喉白色，胸和腹皮黄色；喙黑色，虹膜暗褐色；脚铅褐色。雌鸟头灰褐色，胁有褐色鱼鳞纹。

【生活习性】捕食地表昆虫等小动物。单独或成对活动，性凶猛，栖息地较为固定，如树枝、电线上等。

【生　　境】栖息于林带、灌丛和低山丘陵等，尤其低山丘陵地的村落附近。

【分　　布】国内广泛分布。

【鸣　　声】叫声主要有“ga-ga-ga-ga”声。

【受威胁和保护等级】LC 无危（IUCN，2016）；LC 无危（中国生物多样性红色名录——脊椎动物卷，2020）；中国三有保护鸟类；河北省重点保护鸟类。

207 棕背伯劳
Lanius schach

雀形目 Passeriformes	伯劳科 Laniidae	伯劳属 *Lanius*
别称：海南䴗、大红背伯劳	英文名：Long-tailed Shrike	

【形态特征】体长：雄鸟218～290mm，雌鸟218～283mm。中大型伯劳，头顶至上背灰色，背羽及尾上覆羽锈棕，翅及尾羽大部黑色，下体白色为主；前额左右有相连的黑色贯眼线；喙黑色，虹膜暗褐色；脚黑色。

【生活习性】主要以昆虫为食，亦捕蛙类、小型鸟类及鼠类。

【生　　境】栖息于平原、低山和丘陵等开阔地，喜栖于乔木顶端、天线或电线上。

【分　　布】国内主要分布于黄河流域以南各地区。

【鸣　　声】鸣声悠扬、婉转悦耳，声似“zhaga，zhaga，zhaga”声，能模仿红嘴相思鸟、黄鹂等其他鸟类的鸣叫声。

【受威胁和保护等级】LC无危（IUCN，2016）；LC无危（中国生物多样性红色名录——脊椎动物卷，2020）；中国三有保护鸟类。

208 楔尾伯劳 *Lanius sphenocercus*

雀形目 Passeriformes	伯劳科 Laniidae	伯劳属 *Lanius*
别称：长尾灰伯劳	英文名：Chinese Grey Shrike	

【形态特征】体长：雄鸟250～315mm，雌鸟255～310mm。大型伯劳，上体灰色，中央尾羽及翅羽黑色，初级飞羽具大型白色翅斑；尾特长，凸形尾；喙黑色；虹膜褐色；脚黑色。

【生活习性】主要以昆虫为食，常捕食蜥蜴、小鸟和鼠类等小型脊椎动物。越冬个体有领域性。

【生　　境】栖息于低山、平原、沼泽、草地、旷野、农田等地。

【分　　布】国内繁殖于东北到青海、甘肃一带，越冬于华北、华中至华南和台湾。

【鸣　　声】鸣声单调粗厉，似“ga ga ga”声。

【受威胁和保护等级】LC无危（IUCN，2016）；LC无危（中国生物多样性红色名录——脊椎动物卷，2020）；中国三有保护鸟类；河北省重点保护鸟类。

209 松鸦
Garrulus glandarius

雀形目 Passeriformes	鸦科 Corvidae	松鸦属 *Garrulus*
别称：山和尚	英文名：Eurasian Jay	

【形态特征】体长：雄鸟295～370mm，雌鸟300～355mm。体羽大多红棕、棕灰或淡褐棕色沾紫；翅具黑、蓝、白相间的横斑；尾上覆羽白色，它在林间飞行时首先会看到此白色横带；下体红棕色，颏、喉、肛周色浅淡；喙黑褐色，虹膜淡褐色；脚肉褐色。

【生活习性】杂食，以昆虫、小型动物和果实、种子等为食。性机警。

【生　　境】栖息活动于针叶林、针阔混交林和林缘灌丛。

【分　　布】国内分布于除青藏高原和新疆西部之外的广大地区。

【鸣　　声】鸣声粗噪、单调，发出“ga-ga-a”声，冬季不甚鸣叫。

【受威胁和保护等级】LC无危（IUCN，2017）；LC无危（中国生物多样性红色名录——脊椎动物卷，2020）。

210 灰喜鹊 *Cyanopica cyanus*

雀形目 Passeriformes	鸦科 Corvidae	灰喜鹊属 *Cyanopica*
别称：山喜鹊、蓝鹊、长尾鹊、鸢喜鹊、长尾巴郎		英文名：Azure-winged Magpie

【形态特征】体长：雄鸟312～410mm，雌鸟309～380mm。比喜鹊体形稍小；头黑、翅蓝；上体灰蓝色；尾长；喙黑色，虹膜黑褐色；脚黑色。

【生活习性】杂食性，不惧人。

【生　　境】栖息于公园、田边、湿地等阔叶疏林和林缘地带。

【分　　布】国内分布于东部、中部地区以及海南，为留鸟。

【鸣　　声】叫声单调嘈杂，或者有特点的长拖尾音“ga——”。

【受威胁和保护等级】LC无危（IUCN，2017）；LC无危（中国生物多样性红色名录——脊椎动物卷，2020）；中国三有保护鸟类；河北省重点保护鸟类。

211 红嘴蓝鹊
Urocissa erythrorhyncha

雀形目 Passeriformes	鸦科 Corvidae	蓝鹊属 *Urocissa*

别称：赤尾山鸦、长尾山鹊、长山鹊、山鹧　　英文名：Red-billed Blue Magpie

【形态特征】体长：雄鸟425～630mm，雌鸟421～650mm。中等大小；头至胸黑色，头顶至后颈白色，上体余部体羽蓝色；尾长、楔形，紫色尾羽具白色次端斑；喙红色，虹膜橘红色；脚红色。

【生活习性】杂食，食昆虫、植物种子等。飞翔时飘逸滑翔。

【生　　境】栖息于阔叶林等各种类型森林。

【分　　布】国内分布于除东北、新疆、西藏、青海和台湾之外的广大地区。

【鸣　　声】鸣声尖锐刺耳，似“cha cha cha”声，或嘈杂多变。

【受威胁和保护等级】LC无危（IUCN，2018）；LC无危（中国生物多样性红色名录——脊椎动物卷，2020）；中国三有保护鸟类；河北省重点保护鸟类。

212 喜鹊 *Pica serica*

雀形目 Passeriformes	鸦科 Corvidae	鹊属 *Pica*
别称：客鹊、山喳喳、麻野雀、飞驳鸟、干鹊		英文名：Oriental Magpie

【形态特征】体长：雄鸟370～508mm，雌鸟380～465mm。头、颈、背至尾均为辉黑色；翅黑色、具金属蓝色和绿色光泽，翼肩具一大形白斑；尾楔形，远长于翅，黑色，具金属蓝色、紫色、铜绿色、紫红色光泽；上腹和胁纯白色；喙黑色，虹膜黑褐色；脚黑色。

【生活习性】杂食，性机警，飞行能力较强。

【生　　境】除密林及荒漠外，各类生境。

【分　　布】国内各地均有分布，为极常见留鸟。

【鸣　　声】鸣声单调、响亮，常为“zha-zha-zha”声。

【受威胁和保护等级】LC无危（IUCN，2021）；LC无危（中国生物多样性红色名录——脊椎动物卷，2020）；中国三有保护鸟类；河北省重点保护鸟类。

213 星鸦
Nucifraga caryocatactes

雀形目 Passeriformes	鸦科 Corvidae	星鸦属 *Nucifraga*
别称：松柏仔	英文名：Spotted Nutcracker	

【形态特征】体长：雄鸟300～380mm，雌鸟285～350mm。体羽大都黑褐色，具白斑，头侧和眼周暗褐色具有黄白色纵纹；飞羽和尾羽黑褐色，除中央尾羽外均具黄白色端斑，最外侧尾羽几乎全为白色；喙黑色，虹膜暗褐色；脚黑色。

【生活习性】取食红松、落叶松种子和森林昆虫，有储食习性。

【生　　境】栖息于山地针叶林、针阔混交林。

【分　　布】国内广泛分布于东北、华北、西北、华中、西南和台湾等地。

【鸣　　声】粗糙而单调，似“ka-a-ka-a”声。

【受威胁和保护等级】LC无危（IUCN，2016）；LC无危（中国生物多样性红色名录——脊椎动物卷，2020）。

214 红嘴山鸦 *Pyrrhocorax pyrrhocorax*

雀形目 Passeriformes	鸦科 Corvidae	山鸦属 *Pyrrhocorax*
别称：红嘴鸦、红嘴老鸦、山老鸦、红嘴燕、红嘴乌鸦		英文名：Red-billed Chough

【形态特征】体长：雄鸟340～470mm，雌鸟340～420mm。通体黑色，具蓝色金属光泽；喙细长而弯曲，红或橘红色，虹膜暗褐色；脚红色。

【生活习性】地栖，常成对或小群地面觅食，也成群在山头或山谷间飞翔，也和其他鸟类混群活动。主要以昆虫等无脊椎动物为食，也食植物种子。

【生　　境】栖息于开阔的山地、河滩地、河谷岩石、山坡耕地、平原耕地、草地和半荒漠草地等处。

【分　　布】国内主要分布于西部、华中至华北、东北部分地区，为区域性常见留鸟。

【鸣　　声】常发出单调的“ga-ga-ga-ga”声，结群在空中飞翔时，鸣声洪亮而多变。

【受威胁和保护等级】LC无危（IUCN，2016）；LC无危（中国生物多样性红色名录——脊椎动物卷，2020）；中国鸟类特有种。

215 达乌里寒鸦 *Corvus dauuricus*

雀形目 Passeriformes	鸦科 Corvidae	鸦属 *Corvus*

别称：慈鸦、燕乌、小山老鸹、侉老鸹、麦鸦、白脖寒鸦、白腹寒鸦　英文名：Daurian Jackdaw

【形态特征】体长：雄鸟 214～370mm，雌鸟 290～335mm。黑色，具蓝紫色金属光泽，颈领和腹部灰白色；肛羽具白色羽缘；喙黑色，虹膜黑褐色；脚黑色。

【生活习性】杂食性，主要食昆虫，也吃鸟卵、雏鸟、腐肉、垃圾、植物果实、种子和农作物幼苗等。喜成群，有时也和其他鸦混群。

【生　　境】栖息于山地、丘陵、平原、农田、旷野等各类生境。

【分　　布】国内广泛分布，青藏高原和新疆西部除外，为留鸟或候鸟。

【鸣　　声】叫声嘈杂，似“ga-ga”声。

【受威胁和保护等级】LC 无危（IUCN，2013）；LC 无危（中国生物多样性红色名录——脊椎动物卷，2020）；中国三有保护鸟类。

216 秃鼻乌鸦 *Corvus frugilegus*

雀形目 Passeriformes	鸦科 Corvidae	鸦属 *Corvus*
别称：风鸦、老鸹、山老公、山鸟	英文名：Rook	

【形态特征】体长：雄鸟、雌鸟460～530mm。全身亮黑，喙基部裸露，呈灰白色；喙黑色，虹膜暗褐色；脚黑色。

【生活习性】杂食，多以农作物和杂草种子为食，繁殖季节主要以有害昆虫为食。常与大嘴乌鸦、小嘴乌鸦等混群。

【生　　境】栖息于平原、丘陵、山地、农田、旷野。

【分　　布】国内广泛分布，青藏高原和西南部分地区除外，为留鸟或季候鸟。

【鸣　　声】鸣声粗粝，发出“gua-gua-gua”声。

【受威胁和保护等级】LC无危（IUCN，2017）；LC无危（中国生物多样性红色名录——脊椎动物卷，2020）；中国三有保护鸟类。

217 小嘴乌鸦 *Corvus corone*

雀形目 Passeriformes	鸦科 Corvidae	鸦属 *Corvus*
别称：细嘴乌鸦	英文名：Carrion Crow	

【形态特征】体长：雄鸟440～530mm，雌鸟410～560mm。较大嘴乌鸦纤细，全身黑色，具蓝紫色光泽；后颈毛羽，羽瓣较明显；喙黑色，虹膜黑褐色；脚黑色。

【生活习性】杂食性，以昆虫、蛙、小型鼠类、雏鸟、腐尸、垃圾等为食，也取食植物的种子和果实。多单独或成对活动，性机警。

【生　　境】栖息于低山、丘陵、农田、河流、村庄。

【分　　布】国内分布于除西藏和台湾外各地。

【鸣　　声】发出粗哑的“wa wa”声。

【受威胁和保护等级】LC无危（IUCN，2017）；LC无危（中国生物多样性红色名录——脊椎动物卷，2020）。

218 白颈鸦
Corvus pectoralis

雀形目 Passeriformes	鸦科 Corvidae	鸦属 *Corvus*
别称：白颈乌鸦	英文名：Collared Crow	

【形态特征】体长：雄鸟450～534mm，雌鸟439～497mm。体形比达乌里寒鸦大，体羽全黑，仅颈背和胸有一条白色领环；喙黑色，虹膜褐色；脚黑色。

【生活习性】杂食性，主要以昆虫、蜗牛、小鸟等为食，也食农作物种子、垃圾和腐肉。性机警。

【生　　境】栖息于低山丘陵、平原、农田、河滩和村庄等处。

【分　　布】国内分布于华北至南方地区，多为区域性常见留鸟，部分地区为候鸟。

【鸣　　声】鸣声较其他鸦类洪亮，常边飞边叫，似“kua kua”声。

【受威胁和保护等级】VU易危（IUCN，2018）；NT近危（中国生物多样性红色名录——脊椎动物卷，2020）。

219 大嘴乌鸦
Corvus macrorhynchos

雀形目 Passeriformes	鸦科 Corvidae	鸦属 *Corvus*
别称：乌鸦、老鸹、老鸦	英文名：Large-billed Crow	

【形态特征】体长：雄鸟447～560mm，雌鸟412～530mm。全身乌黑，上体具蓝紫色金属光泽，两翼及尾羽具蓝绿色金属光泽；喙粗大，喙峰弯曲，基部被长羽；喙黑色，虹膜暗褐色；脚黑色。

【生活习性】杂食性，食量较大，主要以各种昆虫为食，也吃鼠、蜥蜴、小鸟、动物尸体，以及植物种子等。性机警，多成群生活。

【生　　境】栖息于山地、丘陵、农田、河流、村庄、耕地。

【分　　布】国内分布广泛，除新疆、青藏高原西部外均可见。

【鸣　　声】单调、粗犷，似“a-a-a”声。

【受威胁和保护等级】LC无危（IUCN，2016）；LC无危（中国生物多样性红色名录——脊椎动物卷，2020）。

220 煤山雀
Periparus ater

雀形目 Passeriformes	山雀科 Paridae	黑冠山雀属 *Periparus*	秦皇岛亚种 *insularis*
别称：贝子	英文名：Coal Tit		

【形态特征】体长：雄鸟 100～120mm，雌鸟 100～110mm。头、颈、喉大部黑色，具金属光泽，具黑羽冠；颊、耳羽和颈侧形成大白斑，后颈中部白；背部灰蓝色，翼及尾羽深灰色，中、大覆羽末端形成白色翼斑；下体灰白至浅褐色；喙黑色，虹膜深褐色；脚铅黑色。

【生活习性】主要以昆虫为食，兼吃少量蜘蛛等小型无脊椎动物和草籽等植物。性活泼、大胆，不甚畏人，行动敏捷。

【生　　境】栖息于中高海拔针叶林、阔叶林及针阔混交林、人工林和次生林等，冬季下迁至较低海拔。

【分　　布】国内常见，分布于东北经秦岭至西南，东南部分地区及台湾，以及新疆北部，为留鸟。

【鸣　　声】叫声尖细，明快多变，发出“zi-zi-zi”声。

【受威胁和保护等级】LC无危（IUCN，2017）；LC无危（中国生物多样性红色名录——脊椎动物卷，2020）；CITES附录III（2023）；中国三有保护鸟类。

221 黄腹山雀
Pardaliparus venustulus

雀形目 Passeriformes	山雀科 Paridae	黄腹山雀属 *Pardaliparus*
别称：采花鸟、黄豆崽、黄点儿	英文名：Yellow-bellied Tit	

【形态特征】体长：雄鸟 88～108mm，雌鸟 85～105mm。雄鸟颊、后颈白色，头余部黑色，上背黑色、肩部蓝灰色，两翼及尾羽黑色，具白色翼斑，下胸、腹鲜黄色。雌鸟体羽黑色部分为黄绿色替代，腹部淡黄色；喙灰蓝色，虹膜深褐色；脚铅灰色。

【生活习性】主要取食昆虫，也吃果实、种子等植物性食物。非繁殖期集大群活动。

【生　　境】栖息于阔叶林、针叶林、人工林、次生林和林缘疏林灌丛地带等。

【分　　布】国内见于新疆北部及从东北至西南的带状区域，繁殖于从河北至云南一线以东的大部分地区，冬季至较低海拔或向南短距离迁徙。

【鸣　　声】圆润清脆、多变化，似大山雀，可发出“si si si”声。

【受威胁和保护等级】LC无危（IUCN，2016）；LC无危（中国生物多样性红色名录——脊椎动物卷，2020）；中国三有保护鸟类；河北省重点保护鸟类；中国鸟类特有种。

222 沼泽山雀
Poecile palustris

雀形目 Passeriformes	山雀科 Paridae	高山山雀属 *Poecile*
别称：小仔伯、红子、小豆雀、泥泽山雀	英文名：Marsh Tit	

【形态特征】体长：雄鸟113～138mm，雌鸟119～138mm。头顶至后颈黑色，具金属光泽，头侧自眼以下的脸颊、耳羽和颈侧白色沾灰；背部、肩褐色，两翼及尾羽色稍深；喙黑色，虹膜深褐色；脚铅黑色。

【生活习性】主要以昆虫为食，兼食其他无脊椎动物和植物果实、种子。行动敏捷。

【生　　境】栖息于针叶林、针阔混交林、阔叶林、人工林和次生林。

【分　　布】国内分布于东北、华北、华中、西部、西南等地。

【鸣　　声】鸣声为重复的单音节或双音节，似“zi-he-zi zi-he”声。

【受威胁和保护等级】LC无危（IUCN，2017）；LC无危（中国生物多样性红色名录——脊椎动物卷，2020）；中国三有保护鸟类。

223 褐头山雀
Poecile montanus

雀形目 Passeriformes	山雀科 Paridae	高山山雀属 *Poecile*
别称：唧唧鬼子	英文名：Willow Tit	

【形态特征】体长：雄鸟115～140mm，雌鸟115～135mm。头顶、枕部多黑或黑褐色，颊部、耳羽、颈侧及后颈形成白斑；上体灰褐色；翼及尾羽色稍深，有时具浅色翼纹；下体污白色，有时略带灰褐色；喙黑色，虹膜深褐色；脚铅灰色。

【生活习性】喜成对或集小群倒挂于枝头取食，以昆虫等无脊椎动物为食，兼吃少量植物性食物。

【生　　境】栖息于阔叶林、针叶林、针阔叶混交林、人工林、次生林等。

【分　　布】国内常见于新疆北部及东北至西南的带状区域。

【鸣　　声】多变，似沼泽山雀但沙哑而多鼻音，似“pi-si-pi-si”声。

【受威胁和保护等级】LC无危（IUCN，2019）；LC无危（中国生物多样性红色名录——脊椎动物卷，2020）。

224 大山雀 *Parus minor*

雀形目 Passeriformes	山雀科 Paridae	山雀属 *Parus*
别称：大山雀、白脸山雀、日本山雀、东方山雀		英文名：Japanese Tit

【形态特征】体长：雄鸟120～148mm，雌鸟116～153mm。上体为蓝灰色，背沾绿色。下体白色，胸、腹有一条宽阔的中央纵纹与颏、喉黑色相连。头黑色，头两侧各有一大型白斑；上背和两肩黄绿色；虹膜褐色或暗褐色，喙黑褐色或黑色；脚暗褐色或紫褐色。

【生活习性】主要以金花虫、金龟子、毒蛾幼虫、蚂蚁、蜂、松毛虫、螽斯等昆虫为食。性较活泼而大胆，不甚畏人。行动敏捷，常在树枝间穿梭跳跃。

【生　　境】栖息于次生阔叶林、阔叶林和针阔叶混交林中。

【分　　布】国内除西北和海南外，均有分布，留鸟，部分秋冬季在小范围内游荡。

【鸣　　声】发出“qiuzi qiuzi qiuzi”的叫声。

【受威胁和保护等级】LC无危（IUCN，2016）；中国三有保护鸟类。

225 中华攀雀
Remiz consobrinus

雀形目 Passeriformes	攀雀科 Remizidea	攀雀属 *Remiz*
别称：洋红儿	英文名：Chinese Penduline Tit	

【形态特征】体长：雄鸟100～115mm，雌鸟100～105mm。体小型，雄鸟前额黑色，繁殖羽头顶至后颈灰色，眼先、眼周及耳羽下部黑色，形成一条黑色贯眼纹，眉纹、颊下部白色；上背栗褐色，下背沙褐色；飞羽及尾羽深褐色而外羽灰白色；喙铅灰色，虹膜深褐色；脚灰黑色。雌鸟头顶、喉、上背及下体黄色。

【生活习性】以昆虫为食，兼吃杂草种子、植物嫩芽和浆果。多成群活动，性活泼，行动敏捷。

【生　　境】栖息于开阔平原、河域附近的杨树、榆树和柳树林，也光顾海岸湿地。

【分　　布】国内于东北至华北北部地区为夏候鸟，迁徙时经东部地区，越冬于长江中下游、华南南部和云南西部，偶见于台湾。

【鸣　　声】声音细小、单调，似“ci-ci”声；联络时发出柔弱细长的“jiu—jiu—”声。

【受威胁和保护等级】LC无危（IUCN，2017）；LC无危（中国生物多样性红色名录——脊椎动物卷，2020）；中国三有保护鸟类；河北省重点保护鸟类。

226 云雀 *Alauda arvensis*

雀形目 Passeriformes	百灵科 Alaudidae	云雀属 *Alauda*
别称：百灵、告天鸟、阿兰	英文名：Eurasian Skylark	

【形态特征】体长：雄鸟 155～190mm，雌鸟 165～185mm。眉纹白色；上体多灰褐色；翼覆羽黑褐色，先端和边缘棕色；次级飞羽端斑近白色，飞行时可见白色翼后缘；前胸密布黑褐色纵纹；下体白色为主；尾羽大多黑褐色，最外侧白色；喙黑褐色，虹膜褐色；脚肉褐色。

【生活习性】食性杂，多以草籽和昆虫为食。冬季常集群活动，有典型的炫耀行为。

【生　　境】栖息于草原、荒漠、湿地、沼泽和耕地等开阔环境。

【分　　布】广布于古北界。

【鸣　　声】鸣声连续多变，具有金属感颤音；报警时发出多变的“zhi zhi”声。

【受威胁和保护等级】LC 无危（IUCN，2018）；LC 无危（中国生物多样性红色名录——脊椎动物卷，2020）；中国三有保护鸟类；CITES 附录 III（2023）；国家二级重点保护野生动物。

227 凤头百灵
Galerida cristata

雀形目 Passeriformes	百灵科 Alaudidae	凤头百灵属 *Galerida*
别称：大头郎、凤头凤兰	英文名：Grested Lark	

【形态特征】体长：雄鸟160～180mm，雌鸟150～180mm。喙较细长而下弯；头顶具显著褐色长羽冠；眼先、颊、眉纹棕白色，贯眼纹黑褐色、细窄；上体褐色具黑色纵纹，翼下覆羽为棕；前胸密布黑色短纵纹，腹白色，胁沙棕色；喙黄褐色，虹膜深褐色；脚肉粉色。

【生活习性】食性杂，主要以植物性食物为食，也吃昆虫等动物性食物。非繁殖期多成小群活动。

【生　　境】栖息于草原、荒漠、半荒漠、沙漠边缘等开阔地区。

【分　　布】国内区域性常见于西北、华北各地（秦岭—淮河线以北）。广布于古北界。

【鸣　　声】鸣声似云雀，复杂多变，属颤音。

【受威胁和保护等级】LC无危（IUCN，2019）；LC无危（中国生物多样性红色名录——脊椎动物卷，2020）；CITES附录III（2023）；河北省重点保护鸟类。

228 角百灵
Eremophila alpestris

雀形目 Passeriformes	百灵科 Alaudidae	角百灵属 *Eremophila*
别称：百灵鸟	英文名：Horned Lark	

【形态特征】体长：雄鸟155～190mm，雌鸟150～180mm。前额、颊白色，有黑条纹与黑色眼先相连；额与顶部之间具宽阔黑横带，其两侧有黑羽簇向后延伸形成“角”（雌鸟羽簇短）。雄鸟前胸具宽阔黑横带，雌鸟带细；尾棕褐色，最外侧尾羽白色。喙黑色，虹膜褐色；脚深褐至黑色。

【生活习性】主要以草籽等植物性食物为食，也吃昆虫等。多在地面活动，一般不惧人。

【生　　境】栖息于干旱、半干旱平原、荒漠和草原。

【分　　布】国内主要分布于西部地区，移徙种群越冬范围更广。

【鸣　　声】鸣声清脆婉转，飞行时发出高音嘶声或轻快的“tu-a-li”声。

【受威胁和保护等级】LC无危（IUCN，2019）；LC无危（中国生物多样性红色名录——脊椎动物卷，2020）；河北省重点保护鸟类。

229 文须雀 *Panurus biarmicus*

雀形目 Passeriformes	文须雀科 Panuridae	文须雀属 *Panurus*
别称：髭雀、文须山雀	英文名：Bearded Reedling	

【形态特征】体长：雄鸟 150～180mm，雌鸟 150～170mm。体中型；雄鸟头、颈大部灰色，眼先至颊部具髭状黑斑；背、肩、腰等棕色，飞羽及翼上覆羽黑色，初级飞羽及覆羽外具灰白色翼纹；胸至腹灰白色，胁至尾下覆羽棕色；尾羽棕色，最外侧白色；喙、虹膜橙黄色；脚灰黑色。

【生活习性】繁殖期间主要以昆虫为食，其他时间多以芦苇种子和草籽为食。常集群活动于芦苇丛中。

【生　　境】栖息于湖泊、沼泽、湿地的芦苇丛中。

【分　　布】国内分布于新疆、青海、甘肃、内蒙古及东北北部为夏候鸟，在东北南部及河北为冬候鸟，数量较多。

【鸣　　声】发出短促的“jiu-jiu”声。

【受威胁和保护等级】LC 无危（IUCN，2016）；LC 无危（中国生物多样性红色名录——脊椎动物卷，2020）。

230 棕扇尾莺 *Cisticola juncidis*

雀形目 Passeriformes	扇尾莺科 Cisticolidae	扇尾莺属 *Cisticola*
别称：岩鹨、大麻雀、红腰岩鹨	英文名：Zitting Cisticola	

【形态特征】体长：雄鸟 90～120mm，雌鸟 90～115mm。体型小。上体具黑色纵纹；尾羽具白端和黑色次端斑；下体白色沾棕色；上喙黑褐色、喙缘淡红色、下喙粉红色，虹膜褐色；脚粉红色。

【生活习性】主要以昆虫及其幼虫为食，也吃蜘蛛、蚂蚁等小无脊椎动物，也吃一些杂草种子。繁殖季节多单独或成对活动，领域性强。

【生　　境】栖息于耕地附近草灌丛、低地丛林、矮树或草地，喜海岸芦苇中繁殖（秦皇岛、唐山）。

【分　　布】国内常见于从河北到云南一线以东。

【鸣　　声】冲入高空时，发出尖锐连续的“ji-ji-ji”声，空中飞行时发出“di di di di di”声。

【受威胁和保护等级】LC 无危（IUCN，2017）；LC 无危（中国生物多样性红色名录——脊椎动物卷，2020）。

231 东方大苇莺 *Acrocephalus orientalis*

雀形目 Passeriformes	苇莺科 Acrocephalidae	苇莺属 *Acrocephalus*
别称：苇串儿、呱呱卿、剖苇、麻喳喳	英文名：Oriental Reed Warbler	

【形态特征】体长：雄鸟 176～198mm，雌鸟 166～185mm。上体呈橄榄褐色；下体乳黄色；第1枚初级飞羽长度不超过初级覆羽；喙黑褐色、下喙基浅黄褐色，虹膜褐色；脚铅褐色。

【生活习性】常活动于芦苇地。

【生　　境】栖息于湖边、沼泽、水塘、河域的芦苇丛或灌丛。

【分　　布】国内见于大多数地区，青藏高原和新疆西部除外，为常见夏候鸟。

【鸣　　声】常大声鸣叫，声如“ga-ga-ji”。

【受威胁和保护等级】LC 无危（IUCN，2016）；LC 无危（中国生物多样性红色名录——脊椎动物卷，2020）。

232 黑眉苇莺
Acrocephalus bistrigiceps

雀形目 Passeriformes	苇莺科 Acrocephalidae	苇莺属 *Acrocephalus*
别称：柳叶儿、口子喇子	英文名：Black-browed Reed Warbler	

【形态特征】体长：雄鸟120～135mm，雌鸟120～132mm。上体橄榄棕褐色；眉纹淡黄色，杂有明显黑褐色纵纹；第2枚初级飞羽较第6枚短；下体白色，两胁暗棕色；喙黑褐色、下喙基淡褐色，虹膜褐色；脚褐色。

【生活习性】通常营巢在灌丛和芦苇上。

【生　　境】栖息于低山和山脚平原地带、湖边、沼泽、水塘、河域的芦苇丛或灌丛。尤喜欢在近水的草丛和灌丛中活动。

【分　　布】国内主要分布于东部和中部地区，为常见的夏候鸟或旅鸟。

【鸣　　声】鸣声短促而急，较为嘈杂，似“chur chur”声。

【受威胁和保护等级】LC无危（IUCN，2017）；LC无危（中国生物多样性红色名录——脊椎动物卷，2020）；中国三有保护鸟类。

233 远东苇莺 *Acrocephalus tangorum*

雀形目 Passeriformes	苇莺科 Acrocephalidae	苇莺属 *Acrocephalus*
别称：钝翅稻田苇莺、矛翅草莺	英文名：Manchurian Reed Warbler	

【形态特征】体长：雄鸟、雌鸟 130～140mm。上体橄榄褐色或棕褐色，近白色或淡黄色眉纹清晰，眉纹上有一黑或暗褐色窄侧冠纹，形成第二道“眉纹”。翼和尾羽暗棕褐色；头、喉及腹白色，胸、胁一般为淡棕黄色；上喙褐色、下喙色浅，虹膜褐色；脚淡褐色。

【生活习性】主要以昆虫及其幼虫为食。常单独或成对活动，迁徙期亦见成群活动。

【生　　境】栖息于湖边、沼泽、水塘、河域的芦苇丛或灌丛。

【分　　布】国内见于东北和东部沿海，为罕见夏候鸟或旅鸟，于香港有迷鸟记录。

【鸣　　声】复杂多变的颤鸣，似单调的“zake-zake”声。

【受威胁和保护等级】VU 易危（IUCN，2017）；VU 易危（中国生物多样性红色名录——脊椎动物卷，2020）。

234 厚嘴苇莺 *Arundinax aedon*

雀形目 Passeriformes	苇莺科 Acrocephalidae	芦莺属 *Arundinax*	指名亚种 *aedon*
别称：树莺、芦莺、芦串儿、大嘴莺		英文名：Thick-billed Warbler	

【形态特征】体长：雄鸟175～200mm，雌鸟180～200mm。额羽松散，羽干伸延；喙宽阔，基部宽度超过4mm；喙须非常发达，具副须；尾羽12枚，尾羽凸状甚著；上体羽橄榄棕褐色；下体羽近白色，后体淡棕色；上喙黑色、下喙基部淡黄褐色，虹膜褐色；脚铅褐色。

【生活习性】常单独或成对在茂密的灌丛、草丛中活动和觅食，行为隐蔽，行动迅速敏捷。主要以昆虫为食，偶有蜘蛛、蛞蝓等小型无脊椎动物。

【生　　境】栖息于低山丘陵、山脚平原、湖边、沼泽、水塘、河域的芦苇丛或灌丛。

【分　　布】国内见于西部除外的广大地区，为不常见的夏候鸟或旅鸟。

【鸣　　声】鸣声清脆婉转，响亮饱满，悦耳动听，叫声为持续的“chake-chake”及沙哑吱叫。

【受威胁和保护等级】LC无危（IUCN，2016）；LC无危（中国生物多样性红色名录——脊椎动物卷，2020）。

235 苍眉蝗莺
Helopsaltes fasciolatus

雀形目 Passeriformes	蝗莺科 Locustellidae	蝗莺属 *Helopsaltes*
别称：柳叶儿、苇扎	英文名：Gray's Grasshopper Warbler	

【形态特征】体长：雄鸟165～191mm，雌鸟170～182mm。上体暗棕褐色，几乎无斑；尾羽腹面无白端，各尾羽及飞羽末端突出一小尖（大多数有）；第2枚飞羽内翱缘无缺刻；第3枚飞羽外翱缘近端部狭窄；上喙黑褐色，下喙大部褐色，基部黄褐色，虹膜褐色；脚黄褐色。

【生活习性】多隐蔽在茂密的草丛下单独活动，迁徙期间则结群。食物以各种昆虫和昆虫幼虫为食。

【生　　境】栖息于山地、林缘、河谷、疏林和平原草地的灌丛中，也出现在沼泽湿地和苇塘岸边草丛、灌丛地带。

【分　　布】国内分布于东北和东部沿海及台湾，为罕见夏候鸟或旅鸟。

【鸣　　声】叫声清脆悦耳，为高低起伏短句的长鸣声，似“cherr-cherr-chert”和“tschrrok-tschrrok”，常昼夜鸣叫不息。

【受威胁和保护等级】LC无危（IUCN，2017）；LC无危（中国生物多样性红色名录——脊椎动物卷，2020）。

236 小蝗莺
Helopsaltes certhiola

雀形目 Passeriformes	蝗莺科 Locustellidae	蝗莺属 *Helopsaltes*
别称：蝗虫莺、柳串儿、扇尾莺、花头扇尾		英文名：Pallas's Grasshopper Warbler

【形态特征】体长：雄鸟110～160mm，雌鸟106～160mm。上体橙褐色至橄榄褐色，具黑褐色斑纹较显著；下体羽乳白色，无斑纹；尾羽腹面具显著的近端黑斑和淡白色先端；喙褐色、下喙基色浅，虹膜褐色；脚暗褐色。

【生活习性】常单独或成对活动。性怯懦、活动隐蔽，善于藏匿。食物以各种昆虫及其幼虫为主，偶尔吃植物性食物。

【生　　境】主要栖息于湖泊、河流等水域附近的沼泽地带、低矮树木、灌丛、芦苇丛及草地，亦见于麦田。

【分　　布】国内在北方地区为夏候鸟，在东部、南部及西南部为旅鸟。

【鸣　　声】鸣声为拖长的沙哑颤音“che-che-che-che-che”，示警时似尖细的“tike tike tike”声。

【受威胁和保护等级】LC无危（IUCN，2016）；DD数据不足（中国生物多样性红色名录——脊椎动物卷，2020）。

237 北蝗莺
Helopsaltes ochotensis

雀形目 Passeriformes	蝗莺科 Locustellidae	蝗莺属 *Helopsaltes*
别称：柳串儿	英文名：Middendorff's Grasshopper Warbler	

【形态特征】体长：雄鸟、雌鸟 160mm。上体橄榄褐色至黄褐色，头顶具黑褐色纵纹不明显；下体乳白色，胸、胁、尾下覆羽橄榄褐色，尾羽腹面具显著的近端黑斑和淡色先端；喙暗红色，上喙色深、下喙色浅，虹膜淡褐色；脚粉色。

【生活习性】行动隐蔽，以昆虫及其幼虫为食，尤以鞘翅目和鳞翅目昆虫为多。

【生　　境】主要栖息于低山丘陵和山脚平原的河谷两岸、沼泽湿地和芦苇岸边茂密的灌丛和高草丛中。

【分　　布】国内见于环渤海湾以及东部和南部沿海，为罕见旅鸟。

【鸣　　声】叫声尖锐，似不断重复的"weiqi-weiqi-weiqi"声。

【受威胁和保护等级】LC 无危（IUCN，2016）；LC 无危（中国生物多样性红色名录——脊椎动物卷，2020）；中国三有保护鸟类。

238 矛斑蝗莺
Locustella lanceolata

雀形目 Passeriformes	蝗莺科 Locustellidae	蝗莺属 *Locustella*
别称：黑纹蝗莺	英文名：Lanceolated Warbler	

【形态特征】体长：雄鸟94～140mm，雌鸟91～140mm。上体橄榄褐色，下体乳白色，全身密布黑褐色纵纹；尾羽腹面无白端；上喙黑褐色、下喙基带黄色，虹膜褐色；脚粉色。

【生活习性】性极畏怯，常隐蔽，单独或成对活动于茂密的苇草间或灌丛下。受惊时站在地上急扫其尾或钻进草丛中隐匿。食物全为昆虫。

【生　　境】栖息于稻田、沼泽、芦苇、灌丛间，喜深伏不动。

【分　　布】国内不常见，东北大部为夏候鸟，东部和南部诸省为旅鸟。

【鸣　　声】叫声特殊，似“zi wi wi wi wi wi”声。

【受威胁和保护等级】LC无危（IUCN，2017）；NT近危（中国生物多样性红色名录——脊椎动物卷，2020）；中国三有保护鸟类。

239 崖沙燕
Riparia riparia

雀形目 Passeriformes	燕科 Hirundinidae	沙燕属 *Riparia*
别称：土燕、灰沙燕、水燕子	英文名：Sand Martin	

【形态特征】体长：雄鸟 120～135mm，雌鸟 110～140mm。上体主要为褐色，翼大致褐色，飞羽深褐色。胸部具一深褐色横带，形成比较醒目的“领环”；腹、尾下覆羽白色；尾羽褐色，浅叉形，外侧尾羽具甚窄的近白色羽缘；喙黑褐色，虹膜深褐色。脚黑色。

【生活习性】繁殖习性较特殊，一般成群筑向悬崖内部水平延伸的洞巢于较陡的岸边悬崖上，巢似翠鸟或蜂虎。

【生　　境】喜河流、沼泽、湖泊、沙丘、海岸和水田等近水地区。

【分　　布】国内除西南地区外广泛分布，为常见夏候鸟及旅鸟。

【鸣　　声】单调而细弱的“cha-cha”或“chi-chi”声。

【受威胁和保护等级】LC 无危（IUCN，2019）；LC 无危（中国生物多样性红色名录——脊椎动物卷，2020）；中国三有保护鸟类；河北省重点保护鸟类。

240 家燕
Hirundo rustica

雀形目 Passeriformes	燕科 Hirundinidae	燕属 *Hirundo*	北方亚种 *tytleri*
别称：燕子	英文名：Barn Swallow		

【形态特征】体长：雄鸟140～185mm，雌鸟135～180mm。前额栗红色。头顶、头侧、上体及翼上覆羽深蓝色，具金属光泽；飞羽黑色；颏、喉鲜栗红色，上胸有一黑横带，与喉部的红色相接；腹、尾下覆羽白色；尾羽蓝黑色，深叉状，最外侧一对特别延长；喙褐色，虹膜深褐色；脚黑色。

【生活习性】主要以昆虫为食，包括蚊、蝇、蛾、叶蝉、象甲等农林害虫。常成群栖息，低声细碎鸣叫，善飞行，白天大部分时间在栖息地附近飞行，喜飞行中捕食，不善啄食。

【生　　境】活动于靠近村镇的环境、河滩、湿地、田野等各种开阔生境。

【分　　布】国内常见，各地皆有记录，主要为夏候鸟，在南部为冬候鸟或留鸟。

【鸣　　声】单调的“zhi-zhi”或“qiu-qiu”声。

【受威胁和保护等级】LC无危（IUCN，2019）；LC无危（中国生物多样性红色名录——脊椎动物卷，2020）；中国三有保护鸟类。

241 岩燕
Ptyonoprogne rupestris

雀形目 Passeriformes	燕科 Hirundinidae	岩燕属 *Ptyonoprogne*
别称：石燕	英文名：Euraian Crag Martin	

【形态特征】体长：雄鸟130～160mm，雌鸟130～170mm。头顶、头侧、上体及翼上覆羽灰褐色；眼先、初级飞羽、尾下覆羽深褐色；颈、喉、胸近白色，部分个体喉具黑褐细纹。腹、尾羽褐色，尾羽除中央和最外侧各一对外，其余中部明显具白斑；尾短，呈极浅的凹形，飞行时若把尾羽全部展开呈扇形；喙黑色，虹膜深褐色；脚粉色或褐色。

【生活习性】食物以昆虫为主，常见种类有金龟子、蚊、姬蜂、虻、蚁、蝇、甲虫等。习惯于在空中捕食飞虫。常成对或小群活动于湖泊、水库等水域上空；休息时经常栖息于岩石上；主要在空中飞行捕食。

【生　　境】主要活动于海拔1000～5000m的高山峡谷、陡峻悬崖附近。

【分　　布】国内除东北、华南和西部部分地区之外皆有分布，为区域性常见的夏候鸟或留鸟。

【鸣　　声】单调的颤音，单声或两声一度。

【受威胁和保护等级】LC无危（IUCN，2017）；LC无危（中国生物多样性红色名录——脊椎动物卷，2020）。

242 金腰燕 *Cecropis daurica*

雀形目 Passeriformes	燕科 Hirundinidae	斑燕属 *Cecropis*
别称：黄腰燕、赤腰燕、花燕儿	英文名：Red-rumped Swallow	

【形态特征】体长：雄鸟、雌鸟 160～190m。头顶至背及翼上覆羽深蓝色，略具金属光泽；眼先深色，耳羽橙色；腰橙或栗棕色；大覆羽及飞羽深褐色；下体近白黄色，具不清晰的细黑纹；尾羽蓝黑色，深叉形；喙、脚黑色，虹膜深褐色。与家燕的主要区别为醒目的橙色腰部，颏、喉近白色而非红色。

【生活习性】习性似家燕。

【生　　境】主要栖息于较开阔的原野、村庄、河滩、湿地、田野等，亦在城市活动。

【分　　布】国内广布，为常见夏候鸟。

【鸣　　声】似家燕的“zhi-zhi”或“qiu-qiu”声。

【受威胁和保护等级】LC无危（IUCN，2017）；LC无危（中国生物多样性红色名录——脊椎动物卷，2020）；中国三有保护鸟类。

243 白头鹎

Pycnonotus sinensis

雀形目 Passeriformes	鹎科 Pycnonotidae	鹎属 *Pycnonotus*
别称：白头翁、白头婆、白头公、白头鸭	英文名：Light-vented Bulbul	

【形态特征】体长：雄鸟175～210mm，雌鸟170～200mm。额至头顶黑色，脸侧近黑色，眼后具一白斑向后延伸至枕部相连，耳羽浅灰色；颏、喉白色；胸略带浅灰色，腹、胁近白色；背灰褐色，翼黄绿色；尾下覆羽浅灰色，尾羽黄绿色；喙黑色，虹膜深褐色；脚黑色。

【生活习性】常集群活动。

【生　　境】常栖息于海拔1000m以下的低山丘陵和山脚平原的阔叶林、次生林、混交林、灌丛、疏林园、竹林等生境。

【分　　布】国内见于西至横断山脉、北至兰州到环渤海地区的广泛区域，以及海南和台湾。

【鸣　　声】鸣唱似婉转响亮的“gu-gua-gua，gu-gua-gua”声。

【受威胁和保护等级】LC无危（IUCN，2018）；LC无危（中国生物多样性红色名录——脊椎动物卷，2020）；中国三有保护鸟类。

244 栗耳短脚鹎
Hypsipetes amaurotis

雀形目 Passeriformes	鹎科 Pycnonotidae	短脚鹎属 *Hypsipetes*
别称：栗耳、栗耳鹎	英文名：Brown-eared bulbul	

【形态特征】体长：雄鸟280mm，雌鸟260～270mm。成鸟头部灰白色，栗色耳羽较显著，颏、喉灰白色；胸、腹灰色具白色点状斑纹；背、翼灰色；尾下覆羽白色具栗色斑纹，尾羽灰色；喙铅灰色，虹膜深褐色；脚黑色。

【生活习性】常集小群活动。

【生　　境】栖息于低山阔叶林、混交林和林缘地带，有时亦见于城市公园、果园等生境。

【分　　布】分布于东亚及东南亚部分岛屿。

【鸣　　声】常发出尖锐刺耳的“weiji-weiji”声。

【受威胁和保护等级】LC无危（IUCN，2018）；LC无危（中国生物多样性红色名录——脊椎动物卷，2020）。

245 淡眉柳莺
Phylloscopus humei

雀形目 Passeriformes	柳莺科 Phylloscopidae	柳莺属 *Phylloscopus*
别称：中亚柳莺	英文名：Hume's Leaf Warbler	

【形态特征】体长：雄鸟、雌鸟 90～100mm。甚似黄眉柳莺，但本种眉纹白，且三级飞羽白色端斑较窄。上体橄榄绿色，部分略带灰绿色；灰色顶冠纹模糊；翼黑褐色，外侧羽缘橄榄绿色；大、中覆羽具淡黄白色翼斑；下体白色，颏、喉略带淡灰绿色；喙黑色、下喙基黄褐色；虹膜褐色；脚黑色。

【生活习性】繁殖于1000m以上的林地及灌丛。冬季迁至低山或平原地区。

【生　　境】栖息于各种林地、园林、灌丛，更喜高海拔地区。

【分　　布】国内见于新疆北部和渤海湾至云南一线区域，为区域性常见候鸟。

【鸣　　声】鸣唱声尖细而婉转，似轻柔的“we soo”声。

【受威胁和保护等级】LC无危（IUCN，2016）；LC无危（中国生物多样性红色名录——脊椎动物卷，2020）；中国三有保护鸟类。

246 黄眉柳莺
Phylloscopus inornatus

雀形目 Passeriformes	柳莺科 Phylloscopidae	柳莺属 *Phylloscopus*

别称：树串儿、槐串儿、树叶儿　　英文名：Yellow-browed Phylloscopus Warbler

【形态特征】体长：雄鸟 90～105mm，雌鸟 97～105mm。体形纤小，上体橄榄绿色；眉纹淡黄绿色；翅具两道浅黄绿色翼斑；下体为沾绿黄的白色；喙褐色、下喙基淡黄色，虹膜暗褐色；脚褐色。

【生活习性】主要以蚜虫等小型昆虫为食。飞行迅速，常在树上以两足为中心，左右摆动身体。

【生　　境】栖息于针叶林、针阔混交林、柳树丛和林缘灌丛等各种林地，以及园林、果园、田野、村落、庭院等处。喜枝头鸣叫。

【分　　布】国内广泛分布，新疆除外。

【鸣　　声】鸣声常为单声“ju”、三声“ju-ju-yi”或四声“ju-ju-yi-zhi”；觅食物时，发出“ju-jue-yi-zhi”或“ju-jue-yi-zhi”。

【受威胁和保护等级】LC 无危（IUCN，2019）；LC 无危（中国生物多样性红色名录——脊椎动物卷，2020）；中国三有保护鸟类。

247 云南柳莺
Phylloscopus yunnanensis

雀形目 Passeriformes	柳莺科 Phylloscopidae	柳莺属 *Phylloscopus*
别称：中华柳莺	英文名：Chinese Leaf Warbler	

【形态特征】体长：雄鸟、雌鸟100mm。上体为偏灰的橄榄绿色；宽顶冠纹灰色，常不清晰；长眉纹淡皮黄至近白色，眉纹于眼后上方常显著变宽；翼暗褐色，大覆羽先端具黄白色翼斑，中覆羽先端具不清晰的浅色翼斑；腰淡黄色；下体白或黄白色；上喙黑、下喙黄褐色，虹膜褐色；脚褐色。

【生活习性】主要以毛虫、蚱蜢等鞘翅目、鳞翅目、直翅目昆虫的幼虫为食，也吃蜘蛛等其他无脊椎动物。常单独或成对活动。

【生　　境】栖息于各种林地、园林、灌丛，喜枝头鸣叫。繁殖于1500～3100m的中海拔落叶阔叶林。

【分　　布】繁殖于中国华北及中部地区，越冬于云南，为区域性常见候鸟。

【鸣　　声】鸣唱由2～3个音节连续重复，节奏感强，持续时间较长，音调较黄腰柳莺低，且音色较涩；鸣叫似“tueet”声。

【受威胁和保护等级】LC无危（IUCN，2016）；LC无危（中国生物多样性红色名录——脊椎动物卷，2020）。

248 黄腰柳莺
Phylloscopus proregulus

雀形目 Passeriformes	柳莺科 Phylloscopidae	柳莺属 *Phylloscopus*
别称：柳串儿、树串儿、绿豆雀、巴氏柳莺、黄尾根柳莺		英文名：Pallas's Leaf Warbler

【形态特征】体长：雄鸟87～100mm，雌鸟75～100mm。体形似黄眉柳莺，但更小些。上体橄榄绿色；腰有明显的黄带；翼上两条深黄色翼斑明显；腹面近白色；喙黑褐色、下喙基部淡黄色，虹膜深褐色；脚淡褐色。

【生活习性】性活泼、行动敏捷，食物主要为昆虫。

【生　　境】主要栖息于海拔2900m以下的针叶林、针阔叶混交林和稀疏的阔叶林、园林、灌丛等，喜枝头鸣叫。

【分　　布】国内繁殖于东北、华北北部，越冬于从西南、华南至华北地区，迁徙经过台湾，为常见候鸟。

【鸣　　声】响亮的“ga-zhi, ga-zhi, ga-zhi”或“jiniu, jiniu, jiniu”叫声。

【受威胁和保护等级】LC无危（IUCN，2016）；LC无危（中国生物多样性红色名录——脊椎动物卷，2020）；中国三有保护鸟类。

249 棕眉柳莺 *Phylloscopus armandii*

雀形目 Passeriformes	柳莺科 Phylloscopidae	柳莺属 *Phylloscopus*
别称：柳串儿	英文名：Yellow-streaked Warbler	

【形态特征】体长：雄鸟110～131mm，雌鸟110～120mm。上体为沾绿的橄榄褐色；无翼斑；眉纹棕白色；下体近白，有少许黄色细纹；喙黑褐、下喙基黄褐色，虹膜褐色；脚灰褐色。

【生活习性】以昆虫为食。常单独或成对活动，有时也集成松散的小群在灌木和树枝间跳跃觅食。

【生　　境】主要栖息于海拔2400m以下林缘及河谷灌丛和林下灌丛等环境。

【分　　布】繁殖于中国从渤海湾至西藏、云南、广西等西南部地区，越冬于云南和广西南部，为区域性常见候鸟。

【鸣　　声】叫声独特，为高尖的“zike-zike-zike”声。

【受威胁和保护等级】LC无危（IUCN，2016）；LC无危（中国生物多样性红色名录——脊椎动物卷，2020）。

250 巨嘴柳莺

Phylloscopus schwarzi

雀形目 Passeriformes	柳莺科 Phylloscopidae	柳莺属 *Phylloscopus*
别称：厚嘴树莺、大眉草串儿、健嘴丛树莺、拉氏树莺		英文名：Radde's Warble

【形态特征】体长：雄鸟115～133mm，雌鸟115～125mm。上体橄榄褐色；无翼斑；喙较厚，稍短，上喙黑褐色、下喙基部黄褐色；下体大部为黄色，或棕黄色；虹膜褐色；脚黄褐色。

【生活习性】主要以昆虫为食，性胆小、机警。

【生　　境】栖息于海拔1500m以下乔木阔叶林下灌丛、矮树枝上或林缘草地，园林和河谷灌丛。

【分　　布】国内繁殖于东北部，越冬于包括海南在内的东南部区域，迁徙经过除宁夏、西藏和青海外的其余各地。

【鸣　　声】鸣声单调，似"jiao-jiao-jiao"，雌鸟在附近灌丛中发出"zha-zha-zha"回鸣。

【受威胁和保护等级】LC无危（IUCN，2016）；LC无危（中国生物多样性红色名录——脊椎动物卷，2020）；中国三有保护鸟类。

251 褐柳莺 *Phylloscopus fuscatus*

雀形目 Passeriformes	柳莺科 Phylloscopidae	柳莺属 *Phylloscopus*
别称：柳串儿、褐色柳莺、嘎叭嘴、达达跳	英文名：Dusky Warbler	

【形态特征】体长：雄鸟 100～121mm，雌鸟 100～110mm。上体几乎纯橄榄褐色，不具翅上冀斑，翅和尾暗褐色；下体近白色沾棕；上喙黑褐色、下喙黄褐色、尖端黑色，虹膜暗褐色；脚淡褐色。

【生活习性】以昆虫为食。

【生　　境】栖息于各种林地、园林、灌丛，更喜河谷溪边或耕地旁灌丛。

【分　　布】国内除极西部地区外广泛分布，为常见候鸟。

【鸣　　声】常发出似“da-da”或“gaba-gaba”的叫声。

【受威胁和保护等级】LC 无危（IUCN，2016）；LC 无危（中国生物多样性红色名录——脊椎动物卷，2020）；中国三有保护鸟类。

252 冕柳莺
Phylloscopus coronatus

雀形目 Passeriformes	柳莺科 Phylloscopidae	柳莺属 *Phylloscopus*
别称：柳串儿	英文名：Eastern Crowned Warbler	

【形态特征】体长：雄鸟 90～122mm，雌鸟 103～120mm。上体橄榄绿色；眉纹黄白色或淡黄色；下体银白色，尾下覆羽辉黄色；上喙黑褐色、下喙粉红色，虹膜褐色；脚肉色。

【生活习性】主要以昆虫为食。

【生　　境】栖息于各种开阔林地、园林、灌丛。

【分　　布】国内除西部地区和海南外广泛分布，为区域性常见候鸟。

【鸣　　声】鸣声响亮而清脆，似“jia-jia-ji”，最后一个音节的音调上扬；呼唤声为“fu-yi-ci，fu-yi-ci”。

【受威胁和保护等级】LC 无危（IUCN，2016）；LC 无危（中国生物多样性红色名录——脊椎动物卷，2020）；中国三有保护鸟类。

253 淡脚柳莺
Phylloscopus tenellipes

雀形目 Passeriformes	柳莺科 Phylloscopidae	柳莺属 *Phylloscopus*
别称：灰脚柳莺	英文名：Pale-legged Leaf Warbler	

【形态特征】体长：雄鸟 105～123mm，雌鸟 110～120mm。小型。翼具淡黄色细翼斑；上体橄榄褐色，头顶和腰较暗，腰染较多锈红色；眉纹皮黄白色；贯眼纹暗褐色；头侧皮黄掺杂黑褐色；下体污白色，胁染以黑褐色；上喙黑褐色、下喙基色淡，虹膜暗褐色；脚淡褐色。

【生活习性】常单只、成对或结成小群活动。性活泼，行动敏捷，以鳞翅目、鞘翅目、直翅目昆虫的幼虫和成虫等为食。

【生　　境】栖息于各种林地、园林、灌丛，更喜高海拔地区。

【分　　布】国内罕见，于东北东部繁殖，迁徙经过沿海地区。

【鸣　　声】繁殖期间雄鸟鸣声高亢，似“ji-ji-ji-ji”声。

【受威胁和保护等级】LC 无危（IUCN，2016）；LC 无危（中国生物多样性红色名录——脊椎动物卷，2020）；中国三有保护鸟类。

254 极北柳莺
Phylloscopus borealis

雀形目 Passeriformes	柳莺科 Phylloscopidae	柳莺属 *Phylloscopus*
别称：柳叶儿、柳串儿、绿豆雀、铃铛雀、北寒带柳莺		英文名：Arctic Warbler

【形态特征】体长：雄鸟110～125mm，雌鸟118～185mm。上体灰橄榄绿色；眉纹黄白色；大覆羽先端黄白色，形成翅上翼斑；下体白色沾黄，尾下覆羽更浓著，胁缀以灰色；第6枚初级飞羽的外侧不具切刻；上喙深褐色、下喙橙色、喙尖色深，虹膜暗褐色；脚肉色。

【生活习性】单只、成对或成小群，动作轻快敏捷，以昆虫等为食。

【生　　境】主要栖息于海拔400～1200m的稀疏阔叶林、针阔混交林及其林缘灌丛地带。

【分　　布】国内除青藏高原一带外亦广泛分布，为常见候鸟。

【鸣　　声】叫声洪亮，多变，常似“di-di-du-du”声。

【受威胁和保护等级】LC无危（IUCN，2016）；LC无危（中国生物多样性红色名录——脊椎动物卷，2020）；中国三有保护鸟类。

255 冠纹柳莺
Phylloscopus claudiae

雀形目 Passeriformes	柳莺科 Phylloscopidae	柳莺属 *Phylloscopus*
别称：柳串儿	英文名：Claudia's Leaf Warbler	

【形态特征】体长：雄鸟100～109mm，雌鸟99～105mm。体型较小。上体橄榄绿色；头顶呈灰褐色，中央冠纹淡黄色；翅上具两道淡黄绿色翼斑；下体白色微沾灰色，上喙褐色、下喙黄色，虹膜暗褐色；脚黄褐色。

【生活习性】主要以昆虫为食。中杜鹃和小杜鹃常产卵于其巢中，由其代孵。

【生　　境】栖息于针叶林、针阔叶混交林、常绿阔叶林和林缘灌丛地带、园林、灌丛。

【分　　布】国内广泛分布于除东北和西部外的地区，为常见夏候鸟或旅鸟，在云南和海南为常见的冬候鸟或留鸟。

【鸣　　声】叫声为重复响亮的两音节“pit-cha”或三音节“pit-chew-a”声。

【受威胁和保护等级】LC无危（IUCN，2016）；LC无危（中国生物多样性红色名录——脊椎动物卷，2020）；中国三有保护鸟类。

256 短翅树莺
Horornis diphone

雀形目 Passeriformes	树莺科 Scotocercidae	树莺属 *Horornis*
别称：日本树莺、告春鸟、树莺	英文名：Japanese Bush Warbler	

【形态特征】体长：雄鸟160～175mm，雌鸟150～160mm。小型，上体棕褐色，前额和头顶特别鲜亮。下体污白，胸、腹沾皮黄色；上喙暗褐色、下喙黄褐色，虹膜褐色；脚褐色。

【生活习性】性胆怯，主要以昆虫为食。

【生　　境】栖息于低山丘陵、河谷附近的阔叶林和灌丛。

【分　　布】国内一般繁殖于东北东部，迁徙经过东部大部分地区，越冬于东南部沿海地区。

【鸣　　声】雄鸟在巢前鸣唱声似“gulu-gulu-lu-fenqiu”，惊叫声一般为两声，似“de!de!”。

【受威胁和保护等级】LC无危（IUCN，2017）；LC无危（中国生物多样性红色名录——脊椎动物卷，2020）。

257 远东树莺
Horornis canturians

雀形目 Passeriformes	树莺科 Scotocercidae	树莺属 *Horornis*
别称：树莺	英文名：Manchurian Bush Warbler	

【形态特征】体长：雄鸟、雌鸟150～180mm。该属中体形较大者，明显较柳莺更大。白眉纹清晰；上体、翼及尾羽棕褐色，尾较长，尾羽端部较平；下体白色为主，胁及尾下覆羽皮黄或褐色；上喙褐色；下喙淡黄色；虹膜深褐色；脚粉灰色。

【生活习性】以昆虫为食，包括蝉、蚂蚱、蚊子等，通常捕食灌木丛或树枝上的昆虫。

【生　　境】栖息于海拔1500m以下的低山阔叶林和灌丛。

【分　　布】国内广布于东部、中部及南部地区，为常见候鸟。

【鸣　　声】鸣唱似“gulu-gulu-lu-fenqiu”声；鸣叫或示警似“ze ze”声。

【受威胁和保护等级】LC无危（IUCN，2019）；LC无危（中国生物多样性红色名录——脊椎动物卷，2020）。

258 银喉长尾山雀
Aegithalos glaucogularis

雀形目 Passeriformes	长尾山雀科 Aegithalidae	长尾山雀属 *Aegithalos*
别称：银喉山雀	英文名：Silver-throated Bushtit	

【形态特征】体长：雄鸟、雌鸟 140mm。前额、眼先皮黄色，耳羽、颌部灰褐色，头顶至枕大部黑而至后颈渐过渡为蓝灰色，顶冠纹白；喉具黑斑，于繁殖期更大颜色更深；背部、覆羽蓝灰色，飞羽、尾羽黑色，次级、三级飞羽及外侧尾羽外侧色浅；下体灰白色，胁略带淡粉色；喙黑色，虹膜褐色；脚铅灰色。

【生活习性】性活泼好动。

【生　　境】栖息于山地针叶林、针阔混交林等林地，亦见于湿地芦苇丛。

【分　　布】国内见于东北和西北地区，以及从黄河流域至长江流域，为留鸟。

【鸣　　声】发出尖细、生涩的“zi-zi”声。

【受威胁和保护等级】LC 无危（IUCN，2016）；LC 无危（中国生物多样性红色名录——脊椎动物卷，2020）；中国三有保护鸟类。

259 山鹛
Rhopophilus pekinensis

雀形目 Passeriformes	鸦雀科 Paradoxornithidae	山鹛属 *Rhopophilus*

别称：山莺、华北山莺、北京山鹛、小背串、长尾巴狼　　英文名：Beijing Hill-warbler

【形态特征】体长：雄鸟 169～177mm，雌鸟 157～170mm。上体褐沙色，具深褐色纵纹；飞羽褐色，外缘浅褐灰色，覆羽淡褐色；中央尾羽淡褐色，外侧尾羽深褐色；下体白色，喉和胸纯白色，腹具栗色纵纹。两性相似。上喙角褐色、下喙浅黄色，虹膜暗褐色；脚肉褐色。

【生活习性】当地留鸟。性活泼，善于在地上奔驰，常作短距离飞行，完全以昆虫为食。

【生　　境】栖息于稀疏的林缘、平原多灌丛地、低山矮灌间或芦苇的荒漠地区。

【分　　布】国内分布于华北至西北山区。

【鸣　　声】善鸣叫，嘹亮而婉转的哨音；告警时发出短促的“zezezeze”声。

【受威胁和保护等级】LC 无危（IUCN，2016）；LC 无危（中国生物多样性红色名录——脊椎动物卷，2020）；中国三有保护鸟类；河北省重点保护鸟类。

260 棕头鸦雀 *Sinosuthora webbiana*

雀形目 Passeriformes	鸦雀科 Paradoxornithidae	棕头鸦雀属 *Sinosuthora*	河北亚种 *fulvicauda*
别称：粉红鹦嘴、黄滕、红头仔		英文名：Vinous-throated Parrotbill	

【形态特征】体长：雄鸟 115～125mm，雌鸟 125～130mm。体型较麻雀稍小。喙粗短。通体前棕后褐；翼表面红棕色；尾暗褐色；喙黑褐色，虹膜暗褐色；脚铅褐色。

【生活习性】主要以昆虫为食，兼食植物种子。平时结小群隐匿在灌木荆棘间窜动。

【生　　境】栖息于中低山灌丛、草坡、庭院、果园。

【分　　布】遍布我国东部，为留鸟，北抵东北、西至甘肃、四川、云南，南达广东、福建、台湾等。

【鸣　　声】通常边叫边飞，叫声低微而短促，似“zhi”声，非常嘈杂；鸣唱似“jiu-jiu-”样哨声，拖音长。

【受威胁和保护等级】LC 无危（IUCN，2018）；LC 无危（中国生物多样性红色名录——脊椎动物卷，2020）；中国三有保护鸟类。

261 震旦鸦雀

Paradoxornis heudei

雀形目 Passeriformes	鸦雀科 Paradoxornithidae	鸦雀属 *Paradoxornis*
别称：苇雀、鸦雀	英文名：Reed Parrotbill	

【形态特征】体长：雄鸟 165～170mm，雌鸟 150～155mm。体形似文须雀，但像鹦鹉，尾较文须雀显得长。头顶灰；眉纹黑而长；中央尾羽淡红赭色，外侧尾羽黑而具白端；喙黄色，虹膜褐色；脚肉色。

【生活习性】结群在芦丛间穿梭，边飞边叫。

【生　　境】栖息于低山灌丛、草坡、庭院、果园，更喜河流、沼泽、芦苇地。

【分　　布】几乎限于我国，广泛但间断分布于东部沿海和内陆的芦苇湿地。

【鸣　　声】叫声喧噪响亮，似“jiu jiu jiu jiu”声或“ji ji ji ji”声；鸣唱为连串的“chu-chu”声。

【受威胁和保护等级】NT 近危（IUCN，2016）；NT 近危（中国生物多样性红色名录——脊椎动物卷，2020）；中国三有保护鸟类；国家二级重点保护野生动物。

262 红胁绣眼鸟

Zosterops erythropleurus

雀形目 Passeriformes	绣眼鸟科 Zosteropidae	绣眼鸟属 *Zosterops*

别称：红胁粉眼、红腿绣眼、红胁白目眶、紫燕儿、褐色胁绣眼

英文名：Chestnut-flanked White-eye

【形态特征】体长：雄鸟 105～118mm，雌鸟 102～114mm。眼周具明显的白圈；体形大小和上体羽色均与暗绿绣眼鸟相似，但两胁呈显著的栗红色，与其他绣眼鸟极易区别；喙蓝灰色，虹膜红褐色；脚灰黑色。

【生活习性】嗜食昆虫。

【生　　境】栖息于公园、果园、林地、湿地。

【分　　布】国内于东北、华北为夏季繁殖鸟，越冬于南方较南的地区，迁徙时经过东部和中部的大部分地区。

【鸣　　声】嘁喳叫声，似“jiu-jiu-”。

【受威胁和保护等级】LC 无危（IUCN，2016）；LC 无危（中国生物多样性红色名录——脊椎动物卷，2020）；中国三有保护鸟类；国家二级重点保护野生动物。

263 暗绿绣眼鸟 *Zosterops simplex*

雀形目 Passeriformes	绣眼鸟科 Zosteropidae	绣眼鸟属 *Zosterops*
别称：绣眼儿、白眼儿、相思子、杨柳鸟、金眼圈、粉燕儿		英文名：Japanese White-eye

【形态特征】体长：雄鸟92～114mm，雌鸟97～115mm。上体全绿色，腹面白色；眼周具极明显的白圈，与其他鸟类很容易区别。喙黑色、下喙基部色稍淡，虹膜褐色；脚灰黑色。

【生活习性】性活泼敏捷，繁殖期成对活动，常群集由一棵树飞往邻近的树上，有时可见急振翅膀而浮悬于花上。啄食昆虫等农林害虫。

【生　　境】栖息于阔叶树、针叶树以及庭院花木、高大行道树、竹林间和湿地等。

【分　　布】国内于华北至中部山区为夏候鸟，于华南和西南地区为留鸟，于海南为冬候鸟。

【鸣　　声】鸣声似"chi-i，chi-i，chi-i"，音调清朗而颤动。

【受威胁和保护等级】LC无危（IUCN，2019）；LC无危（中国生物多样性红色名录——脊椎动物卷，2020）；中国三有保护鸟类；河北省重点保护鸟类。

264 画眉
Garrulax canorus

雀形目 Passeriformes	噪鹛科 Leiothrichidae	噪鹛属 *Garrulax*
别称：画眉鸟、中国画眉	英文名：Chinese Hwamei	

【形态特征】体长：雄鸟216～245mm，雌鸟197～230mm。上体橄榄褐色，头顶至上背具有黑褐色纵纹；眼眶白；眼后方有清晰的白色眉纹；下体棕黄色，腹部中央灰色，上喙角质灰色、下喙牙黄色，虹膜浅黄褐色；脚粉褐色。

【生活习性】常单独生活，有时结小群活动。性机敏胆怯。杂食性，主要以昆虫为食，兼吃植物种子等。

【生　　境】栖息于常绿阔叶林、灌丛，及村落附近的灌丛、竹林或庭园中。

【分　　布】国内主要分布于南方大部分山区。

【鸣　　声】歌声悠扬婉转，而且持久不断，多变化，非常动听，故常饲作笼鸟。

【受威胁和保护等级】LC无危（IUCN，2018）；NT近危（中国生物多样性红色名录——脊椎动物卷，2020）；CITES附录II（2023）；中国三有保护鸟类；国家二级重点保护野生动物。

265 山噪鹛
Pterorhinus davidi

雀形目 Passeriformes	噪鹛科 Leiothrichidae	噪鹛属 *Pterorhinus*
别称：黑老婆	英文名：Plain Langhing Thrush	

【形态特征】体长：雄鸟238～275mm，雌鸟220～260mm。上、下体大都灰褐色，无显著斑纹；喙稍曲，与其他噪鹛不同。喙黄色、喙峰稍带褐色，虹膜灰褐色；脚灰褐色。

【生活习性】以昆虫及果实、种子等为食。大多隐匿，不甚畏人，常结成小群活动。

【生　　境】栖息于山地灌木和矮树丛。

【分　　布】国内分布于东北、华北至中西部山区，为常见留鸟。

【鸣　　声】鸣声多变，富有音韵，有时连叫不休似“diu diu diu”声；繁殖期，雄鸟的鸣声悦耳。

【受威胁和保护等级】LC无危（IUCN，2016）；LC无危（中国生物多样性红色名录——脊椎动物卷，2020）；河北省重点保护鸟类；中国鸟类特有种。

266 普通䴓
Sitta europaea

雀形目 Passeriformes	䴓科 Sittidae	䴓属 *Sitta*
别称：松枝儿、贴树皮、蓝大胆、穿树皮	英文名：Eurasian Nuthatch	

【形态特征】体长：雄鸟120～140mm，雌鸟120～148mm。雄鸟头顶至上体、翼覆羽蓝灰；贯眼纹黑；飞羽灰褐；中央尾羽暗蓝灰，尾下浓栗红色且具白斑；喉及下体白，腹略带红色，胁红。雌鸟色暗，贯眼纹有时深褐。上喙灰黑、先端黑，下喙基色淡，虹膜褐；脚肉褐。

【生活习性】攀爬能力强，常头部向下在树干上走动。成对或集小群活动，以昆虫和植物种子为食。

【生　　境】栖息于针阔混交林、针叶林、庭院园林。

【分　　布】古北界广布。国内常见于大部分地区，为留鸟。

【鸣　　声】鸣叫为响亮的连续颤音，以及尖细的“zhi zhi”声和“zha zha”声。

【受威胁和保护等级】LC无危（IUCN，2018）；LC无危（中国生物多样性红色名录——脊椎动物卷，2020）。

267 鹪鹩
Troglodytes troglodytes

雀形目 Passeriformes	鹪鹩科 Troglodytidae	鹪鹩属 *Troglodytes*
别称：山蝈蝈儿、桃虫、蒙鸠、巧妇	英文名：Eurasian Wren	

【形态特征】体长：雄鸟90～110mm，雌鸟85～100mm。头顶、枕至后颈棕褐色，眉纹灰黄色，眼先、颊、耳羽及颈侧深褐色，各羽具淡褐色细密斑点；尾羽甚短，褐色，具黑横斑。上体余部及翼上覆羽棕褐色，具黑或黑褐横纹，翼短圆；颏、喉、胸淡褐色，部分具黑斑；下体余部棕褐色，具黑横斑；喙尖细，暗褐色、下喙基黄，虹膜深褐色；脚褐色。

【生活习性】一般单独活动，性活泼，不惧人。

【生　　境】栖息于潮湿阴暗的河谷、林下枯枝。

【分　　布】国内分布广泛，为区域性常见留鸟或冬候鸟。

【鸣　　声】一连串单调的颤音“che-che-che-che”。

【受威胁和保护等级】LC无危（IUCN，2018）；LC无危（中国生物多样性红色名录——脊椎动物卷，2020）；CITES附录III（2023）。

268 八哥
Acridotheres cristatellus

雀形目 Passeriformes	椋鸟科 Sturnidae	八哥属 *Acridotheres*
别称：了哥、凤头八哥、鹦鹆、鸲鹆、寒皋	英文名：Crested Mayna	

【形态特征】体长：雄鸟230～270mm，雌鸟220～260mm。通体黑色。额羽发达，延长而耸立。两翅有白斑，飞翔时十分显著；尾羽黑色，毛下覆羽有白端；嘴乳黄色，虹膜橙黄色；脚黄色。

【生活习性】主要以昆虫为食，偶有野果和麦粒。多在耕牛后啄食犁锄翻出的蚯蚓、昆虫及块茎等，或在牛背上啄食牛的体外寄生虫。

【生　　境】喜次生阔叶林、竹林、农田、果园、村镇。栖息活动于近山矮林、路旁、平坝和农作区。

【分　　布】国内分布于黄河以南的大部分地区，近年来向北扩散，为常见留鸟。

【鸣　　声】鸣唱婉转多变，也会发出椋鸟典型的嘈杂声。

【受威胁和保护等级】LC无危（IUCN，2016）；LC无危（中国生物多样性红色名录——脊椎动物卷，2020）；中国三有保护鸟类。

269 丝光椋鸟
Spodiopsar sericeus

雀形目 Passeriformes	椋鸟科 Sturnidae	丝光椋鸟属 *Spodiopsar*
别称：牛屎八哥、丝毛椋鸟	英文名：Red-billed Starling	

【形态特征】体长：雄鸟188～230mm，雌鸟184～220mm。体型比灰椋鸟稍大；头顶丝光白色，或污灰色；背部灰色或灰棕色；喙朱红色，虹膜黑色；脚橘黄色。

【生活习性】多成对或结成小群活动，主要以昆虫为食。

【生　　境】栖息于开阔平原、农耕区和丛林间等。

【分　　布】国内见于黄河以南地区，近年来向北扩散，为常见留鸟，在台湾为冬候鸟，在华北主要为夏候鸟。

【鸣　　声】鸣声清脆、嘹亮，似“jreee”声。

【受威胁和保护等级】LC无危（IUCN，2012）；LC无危（中国生物多样性红色名录——脊椎动物卷，2020）；中国三有保护鸟类；河北省重点保护鸟类。

270 灰椋鸟
Spodiopsar cineraceus

雀形目 Passeriformes	椋鸟科 Sturnidae	丝光椋鸟属 *Spodiopsar*
别称：高粱头、竹雀、假画眉、哈拉燕	英文名：White-cheeked Starling	

【形态特征】体长：雄鸟186～240mm，雌鸟194～240mm。体羽灰褐色；头部黑而两侧白色；尾羽白色；喙橙红色、尖端黑，虹膜褐色；脚橙黄色。

【生活习性】主要以昆虫为食物，平原地区常结群活动，飞行迅速，整群飞行。

【生　　境】栖息于次生阔叶林、竹林、农田、果园、村镇。

【分　　布】国内分布于东部和中部地区，繁殖于北方，越冬于黄河流域以南。

【鸣　　声】鸣声低微、单调、流畅、沙哑，似“chir chir”声。

【受威胁和保护等级】LC无危（IUCN，2012）；LC无危（中国生物多样性红色名录——脊椎动物卷，2020）；中国三有保护鸟类。

271 北椋鸟

Agropsar sturninus

雀形目 Passeriformes	椋鸟科 Sturnidae	北椋鸟属 *Agropsar*
别称：燕八哥、小椋鸟	英文名：Daurian Starling	

【形态特征】体长：雄鸟160～180mm，雌鸟160～185mm。头顶暗灰色；肩紫黑色，具棕白羽端；体羽有紫黑色金属闪光；尾黑色，呈叉状；喙黑褐色，虹膜暗褐色；脚黑褐色。

【生活习性】常结群在地面上取食，主要以蝗虫、地老虎、尺蠖、卷象、舟蛾等农林害虫为食，偶食野果和杂草种子。

【生　　境】栖息于平原地区或500～800m海拔的田野。

【分　　布】国内繁殖于东北、华北及陕西，迁徙时经东部大多数地区，于台湾越冬。

【鸣　　声】典型的椋鸟沙哑哨音及嘶叫声，似“zhi zhi”声。

【受威胁和保护等级】LC无危（IUCN，2016）；LC无危（中国生物多样性红色名录——脊椎动物卷，2020）；中国三有保护鸟类；河北省重点保护鸟类。

272 紫翅椋鸟
Sturnus vulgaris

雀形目 Passeriformes	椋鸟科 Sturnidae	椋鸟属 *Sturnus*
别称：黑斑、亚洲椋鸟	英文名：Common Starling	

【形态特征】体长：雄鸟178～220mm，雌鸟181～215mm。通体黑色，具紫铜色和暗绿色金属光泽，有时还布有白斑；喙黄色（夏季）、浅褐色（冬季），虹膜褐色；脚红褐色。

【生活习性】主要以昆虫为食，偶见植物性食物。树洞中营巢。

【生　　境】栖息于次生阔叶林、竹林、农田、果园、村镇。常群集于田间觅食。

【分　　布】国内于西北部繁殖，冬季几乎迁徙于全国各地。

【鸣　　声】叫声为沙哑的刺耳音及哨音，似“si si”声。

【受威胁和保护等级】LC无危（IUCN，2019）；LC无危（中国生物多样性红色名录——脊椎动物卷，2020）；中国三有保护鸟类。

273 白眉地鸫 *Geokichla sibirica*

雀形目 Passeriformes	鸫科 Turdidae	少斑地鸫属 *Geokichla*
别称：地穿草鸫、西伯利亚地鸫、白眉麦鸡、阿南鸡、黑老奏 英文名：Siberian Thrush		

【形态特征】体长：雄鸟206～240mm，雌鸟215～234mm。雄鸟眉纹白色；上体暗蓝灰色；腹部中央及尾下覆羽白色；喙黑色、下喙基黄褐色，虹膜暗褐色；脚黄色。雌鸟眉纹黄白色，上体橄榄褐色，下体皮黄色。

【生活习性】栖息于林缘、道旁次生林、村庄附近的丛林。平时在地面上走走停停，主要以昆虫为食。

【生　　境】主要栖息于混交林和针叶林。

【分　　布】国内分布于华北、华中、华东、华南地区，为罕见候鸟。

【鸣　　声】发出恬静的联络笛音，似“chui li”的哨音。

【受威胁和保护等级】LC无危（IUCN，2016）；LC无危（中国生物多样性红色名录——脊椎动物卷，2020）；中国三有保护鸟类。

274 虎斑地鸫

Zoothera aurea

雀形目 Passeriformes	鸫科 Turdidae	地鸫属 *Zoothera*
别称：顿鸫、虎斑山鸫、虎鸫	英文名：White's Thrush	

【形态特征】体长：雄鸟 272～297mm，雌鸟 262～295mm。体较大；上体橄榄褐色，满布黑斑；下体浅棕白色，除颜、喉、下腹中部外，各羽先端亦具黑斑；上喙暗褐色、下喙基部较淡、先端较暗，虹膜暗褐色；脚肉色。

【生活习性】主要以昆虫等动物为食，兼食植物果实、种子等。常单个或成对活动，少见有成群。

【生　　境】主要栖息于针叶林、阔叶林或混交林，尤喜河流、溪谷两岸稠密而潮湿的树林中。多活动在林下灌丛间，在地面上奔驰，或紧贴地面飞行。于地面觅食。

【分　　布】国内分布于除海南和青藏高原之外的大部分地区，为常见候鸟。

【鸣　　声】鸣声单调而低沉，似“yuuuuuu”声。

【受威胁和保护等级】LC 无危（IUCN，2019）；LC 无危（中国生物多样性红色名录——脊椎动物卷，2020）。

275 灰背鸫 *Turdus hortulorum*

雀形目 Passeriformes	鸫科 Turdidae	鸫属 *Turdus*

别称：灰麦必、灰青鸫、灰背穿草鸫、红腹灰麦必　　英文名：Grey-backed Thrush

【形态特征】体长：雄鸟210～220mm，雌鸟200～225mm。雄鸟头、胸及上体余部灰色，喉灰白色，有时具深色纹；翼灰色，翼下覆羽橙；尾灰或褐色；腹两侧大面积橙色，腹中央至尾下覆羽白色；喙黄褐色，虹膜褐色；脚肉黄或黄褐色。雌鸟上体灰褐色，部分具不清晰的白眉纹；额、喉至胸白色，具浓密黑斑；喙黑褐色。

【生活习性】主要以昆虫为食，也吃蚯蚓等其他动物和植物果实与种子等。常单独或成对活动，多活动在林缘、荒地、草坡、林间空地和农田等开阔地带。

【生　　境】栖息于河流、海岸附近的各种林带。

【分　　布】国内于东北东部为夏候鸟，于长江以南大部分为冬候鸟，于华北、华东和华中地区为旅鸟。

【鸣　　声】叫声为尖细的“si-si”声，鸣唱声婉转、复杂。

【受威胁和保护等级】LC无危（IUCN，2018）；LC无危（中国生物多样性红色名录——脊椎动物卷，2020）；中国三有保护鸟类。

276 乌鸫 *Turdus mandarinus*

雀形目 Passeriformes	鸫科 Turdidae	鸫属 *Turdus*
别称：百舌、反舌、黑鸟、乌鹕、牛屎八八	英文名：Chinese Blackbird	

【形态特征】体长：雄鸟 233～295mm，雌鸟 207～290mm。通体黑色；喙黄色，虹膜褐色；脚黑褐色。

【生活习性】主要以昆虫幼虫等为食，植物性食物很少。

【生　　境】栖息于林区外围、小镇和乡村的边缘，也见于平野、园圃等。

【分　　布】国内见于除东北外的广大地区，为常见留鸟。

【鸣　　声】叫声婉转、悠扬，长鸣不断，似“do do”声。

【受威胁和保护等级】LC 无危（IUCN，2018）；LC 无危（中国生物多样性红色名录——脊椎动物卷，2020）。

277 灰头鸫
Turdus rubrocanus

雀形目 Passeriformes	鸫科 Turdidae	鸫属 *Turdus*
别称：栗红鸫	英文名：Chestnut Thrush	

【形态特征】体长：雄鸟、雌鸟240～290mm。雄鸟头、颈灰色，眼圈淡黄色。上、下体主要为栗色，尾下覆羽白色，具白色细纹或杂斑，翼和尾羽黑色；喙黄色，虹膜深褐色；脚黄色至褐色。雌鸟似雄鸟，头淡灰或灰褐色，头侧、颏、喉有时具纵纹，翼及尾羽深褐色。

【生活习性】主要以昆虫和昆虫幼虫为食，也吃植物果实和种子。常单独或成对活动，在林下灌木或乔木树上活动和觅食。

【生　　境】主要栖息于海拔2500m以上林地及灌丛，冬季迁移至较低海拔。

【分　　布】国内见于西藏南部至西南部及秦岭一带，为区域性常见留鸟。

【鸣　　声】鸣叫似“de-de”声，鸣唱尖锐。

【受威胁和保护等级】LC无危（IUCN，2016）；LC无危（中国生物多样性红色名录——脊椎动物卷，2020）。

278 褐头鸫
Turdus feae

雀形目 Passeriformes	鸫科 Turdidae	鸫属 *Turdus*
别称：费氏穿草鸫	英文名：Grey-sided Thrush	

【形态特征】体长：雄鸟215～245mm，雌鸟210～240mm。雄鸟上体橄榄褐色，眉纹白，眼先黑，眼下有小白斑；额、喉、腹中央至尾下覆羽白，胸淡灰或淡褐；胁灰白；翼、尾羽褐，部分大覆羽具白翼斑；喙灰褐、下喙基黄，虹膜深褐；脚黄褐。雌鸟似雄鸟眉纹不清晰。

【生活习性】主要以各种昆虫和昆虫幼虫为食，也吃植物果实与种子。单独或成对活动。性胆怯，常隐匿于溪流岸边灌丛和树丛间，飞行急速，飞行距离短。

【生　　境】栖息于河流、海岸附近的各种林带，尤喜1500～2000m阴暗潮湿的针阔混交林。

【分　　布】已知繁殖区域比较狭窄，仅为中国华北的有限地区，于中国东部和华南地区有不少过境记录。

【鸣　　声】鸣声为“pipi”声，鸣唱为重复的“gra-grula-siii”声。

【受威胁和保护等级】VU易危（IUCN，2019）；VU易危（中国生物多样性红色名录——脊椎动物卷，2020）；国家二级重点保护野生动物；中国鸟类特有种。

279 白眉鸫 *Turdus obscurus*

雀形目 Passeriformes	鸫科 Turdidae	鸫属 *Turdus*
别称：窜鸡、灰头鸫	英文名：Eyebrowed Thrush	

【形态特征】体长：雄鸟174～ 240mm，雌鸟187～240mm。头和颈灰褐色，眉纹白色；上体橄榄褐色；胸和两胁橙黄色；翼下覆羽和腋羽均灰色；下体余部白色；上喙褐色、下喙黄色，虹膜褐色；脚黄褐色。

【生活习性】主要取食各种鳞翅目、鞘翅目昆虫及其幼虫等，兼吃其他小型无脊椎动物，秋冬季节还食浆果和植物种子等。

【生　　境】栖息于1500～2000m阴暗潮湿的针叶林、混交林和阔叶林，尤喜在水库、溪流等水域岸边林下的灌丛间，非繁殖期和迁徙季节也见于林缘和灌丛地，有时甚至进入到山区住宅附近的农田和果园。

【分　　布】国内除西藏外均有分布，为常见候鸟。

【鸣　　声】单薄的“zip-zip”声。

【受威胁和保护等级】LC无危（IUCN，2016）；LC无危（中国生物多样性红色名录——脊椎动物卷，2020）。

280 白腹鸫 *Turdus pallidus*

雀形目 Passeriformes	鸫科 Turdidae	鸫属 *Turdus*
别称：穿鸡、白腹鸫、浅色鸫	英文名：Pale Thrush	

【形态特征】体长：雄鸟206～237mm，雌鸟210～232mm。中等大小。头灰褐色，无白色眉纹；上体橄榄褐色，最外侧2对尾羽具宽阔的白色端斑；胸和胁浅灰褐色；上喙褐色、下喙橙黄色，虹膜黑色；脚橙黄色。

【生活习性】主要以蝗虫、蚂蚁、蜘蛛及双翅目和鞘翅目的成虫和幼虫为食，有时也吃植物的果实和种子。

【生　　境】栖息于河流、海岸附近的各种林带，尤喜1500～2000m的阴暗潮湿的针阔混交林。

【分　　布】国内广泛分布于横断山脉及其以东地区，为常见候鸟。

【鸣　　声】鸣叫声似尖细的"zi zi"。

【受威胁和保护等级】LC无危（IUCN，2018）；LC无危（中国生物多样性红色名录——脊椎动物卷，2020）；中国三有保护鸟类。

281 赤颈鸫
Turdus ruficollis

雀形目 Passeriformes	鸫科 Turdidae	鸫属 *Turdus*
别称：红脖鸫、红脖子穿草鸫	英文名：Red-throated Thrush	

【形态特征】体长：雄鸟 220～250mm，雌鸟 210～250mm。雄鸟头顶至枕、背褐或灰褐，眼先及耳羽灰褐，眉纹、颏、喉、胸栗红，腹及尾下覆羽白；翼灰，大覆羽、飞羽、中央尾羽深褐，其余尾羽栗红；喙黑褐、下喙基黄，虹膜深褐；脚黄褐。雌鸟上体灰褐，眉纹灰白或皮黄，颏、喉灰白或淡栗红，具深褐纹；胸淡栗红，具深褐或褐斑；胁具少许灰斑。

【生活习性】主要以昆虫为食，也吃虾、田螺等其他无脊椎动物，以及沙枣等灌木果实和草籽。除繁殖期间成对或单独活动外，其他季节多成群活动。

【生　　境】栖息于低山林地和灌丛，冬季集群，常迁至平原林地、果园、城市公园等各种生境。

【分　　布】国内见于除东南诸省外的广大地区，为常见候鸟。

【鸣　　声】鸣叫为尖细的“si-si”声，鸣唱尖厉、急促。

【受威胁和保护等级】LC 无危（IUCN，2017）；LC 无危（中国生物多样性红色名录——脊椎动物卷，2020）。

282 红尾斑鸫
Turdus naumanni

雀形目 Passeriformes	鸫科 Turdidae	鸫属 *Turdus*
别称：红尾鸫、红尾穿草鸡、事鸡	英文名：Naumann's Thrush	

【形态特征】体长：雄鸟、雌鸟200～240mm。雄鸟上体褐色；眼先及耳羽灰褐色；眉纹、颏、喉至颈侧、胸、胁棕红色，具密集的棕红及白色鳞状斑；腹白色；翼深褐，飞羽覆羽羽缘皮黄或淡棕色；尾羽褐色，外侧棕红色；喙黑色、下喙基黄色，虹膜黑褐色；脚灰褐色。雌鸟眉纹、颜、喉淡棕红或皮黄色，喉具细黑纵纹。

【生活习性】见于林地、开阔田野及城市等各种生境，冬季集大群。

【生　　境】栖息于河流、海岸附近的各种林带，尤喜1500～2000m阴暗潮湿的针阔混交林。

【分　　布】主要分布于古北界东部。国内常见，分布于除西藏、海南外的各地，为旅鸟或冬候鸟。

【鸣　　声】鸣叫声为单调而急促的“cchar”声，鸣唱音调较高而婉转。

【受威胁和保护等级】LC无危（IUCN，2016）；LC无危（中国生物多样性红色名录——脊椎动物卷，2020）；中国三有保护鸟类。

283 斑鸫
Turdus eunomus

雀形目 Passeriformes	鸫科 Turdidae	鸫属 *Turdus*
别称：红尾鸫、红尾穿草鸡、窜鸡	英文名：Dusky Thrush	

【形态特征】体长：雄鸟、雌鸟204～250mm。上体橄榄褐色；胸及两胁布满栗色斑点；腋羽及尾棕红色；喙黑褐色，虹膜褐色；脚浅褐至粉褐色。

【生活习性】一般数只到几十只结群，性活泼，多在地面活动。胆大、不怯人。主要以各种昆虫为食，也吃山葡萄、五味子、山楂等其他各类草木种子和果实。

【生　　境】栖息于海拔2400m以下丘陵地区，常见于林缘、农田旷野、道旁、村屯附近的灌丛草地和次生阔叶林。

【分　　布】国内除西藏外见于各地，沿海各地区为冬候鸟，其余地区为迁徙经过。

【鸣　　声】活动时伴随着“ji-ji-ji”的鸣叫声。

【受威胁和保护等级】LC无危（IUCN，2018）；LC无危（中国生物多样性红色名录——脊椎动物卷，2020）；中国三有保护鸟类。

284 灰纹鹟
Muscicapa griseisticta

雀形目 Passeriformes	鹟科 Muscicapidae	鹟属 Muscicapa
别称：灰斑鹟	英文名：Grey-streaked Flycatcher	

【形态特征】体长：雄鸟、雌鸟130～150mm。上体灰褐，眼先白，前额至头顶具深褐细纹；翼深褐，大覆羽、次级和三级飞羽羽缘白；飞羽较长，停歇时接近尾端（幼鸟或换羽期成鸟此特征不显）；下体白，胸至胁具黑褐纵纹；尾羽灰褐；喙、脚黑色，虹膜暗褐色。

【生活习性】常静立于突出的树枝上，忽然飞出并在空中捕食昆虫，之后快速返回停歇于原处。

【生　　境】喜针阔叶混交林、针叶林、阔叶林、次生林。

【分　　布】国内见于东部地区，为较常见候鸟。

【鸣　　声】急促的“zi-zi”声。

【受威胁和保护等级】LC无危（IUCN，2019）；LC无危（中国生物多样性红色名录——脊椎动物卷，2020）；中国三有保护鸟类。

285 乌鹟
Muscicapa sibirica

雀形目 Passeriformes	鹟科 Muscicapidae	鹟属 *Muscicapa*
别称：鹊黄黄鹂	英文名：Dark-sided Flycatcher	

【形态特征】体长：雄鸟、雌鸟 120～130mm。上体灰褐，具皮黄或白色眼圈；翼深褐，次级、三级飞羽和翼上覆羽具皮黄色羽缘；颏、喉灰白并稍延伸至颈侧，形成一白色半领环；胸至胁灰白，具浓重且边缘极模糊的灰褐纵纹，或全为似墨水浸染的乌灰色；腹中央至尾下覆羽白。尾羽灰褐；喙黑褐、下喙基色淡，虹膜暗褐；脚黑。

【生活习性】主要以昆虫和昆虫幼虫为食，也吃少量植物种子。树栖性，常在高树树冠层，很少下到地上活动和觅食。

【生　　境】栖息于阔叶林、针阔叶混交林、针叶林、次生林等，一般在乔木中上层活动。

【分　　布】国内除西北地区外广泛分布，为常见候鸟；从平原到海拔 4200m 的青藏高原均有记录。

【鸣　　声】鸣声主要为单声或一连串的“zi-zi”声。

【受威胁和保护等级】LC 无危（IUCN，2019）；LC 无危（中国生物多样性红色名录——脊椎动物卷，2020）；中国三有保护鸟类。

286 北灰鹟
Muscicapa dauurica

雀形目 Passeriformes	鹟科 Muscicapidae	鹟属 *Muscicapa*
别称：亚洲褐鹟	英文名：Asian Brown Flycatcher	

【形态特征】体长：雄鸟、雌鸟120～140mm。上体灰至灰褐色，眼先及眼周白色。翼深褐色，翼上大覆羽和内侧飞羽具狭窄的白色边缘；下体白或灰白色，部分个体胸和胁为甚淡的灰色，但无深色纵纹；尾羽深褐色；喙黑色、下喙黄色，虹膜、脚黑色。

【生活习性】以昆虫和昆虫幼虫为食，偶尔吃少量蜘蛛和花等其他无脊椎动物和植物性食物。常单独或成对活动，从栖处捕食昆虫，回至栖处后尾作独特的颤动。

【生　　境】栖息于针阔叶混交林、针叶林、阔叶林、次生林、林地、行道树和城市公园等处。

【分　　布】国内见于东部地区，包括海南及台湾，为常见候鸟；迁徙过境时数量较多。

【鸣　　声】鸣声低层而微弱，似“shi-shi-shi”声；非繁殖期很少鸣叫。

【受威胁和保护等级】LC无危（IUCN，2016）；LC无危（中国生物多样性红色名录——脊椎动物卷，2020）；中国三有保护鸟类。

287 蓝歌鸲 *Larvivora cyane*

雀形目 Passeriformes	鹟科 Muscicapidae	鸲鸟属 *Larvivora*
别称：挂银牌、蓝靛杠、蓝尾巴根子	英文名：Siberian Blue Robin	

【形态特征】体长：雄鸟 113～140mm，雌鸟 103～140mm。雄鸟上蓝下白；喙黑色，虹膜暗褐色；脚肉色。雌鸟下体近白，胸部稍杂以褐斑；下喙基肉色。

【生活习性】主要以昆虫为食，也吃蜘蛛、多足虫等小型动物；几乎全为地栖，很少栖息于枝头；性甚隐怯，大多匿于芦苇荆棘间。

【生　　境】栖息于次生林、人工林、果园、公园等，更喜灌丛。

【分　　布】国内广布，西部地区除外，繁殖于东北，越冬于西南地区。

【鸣　　声】鸣声响亮，多变而动听，似“yi-yi-yi-yi ju ju ju”声。

【受威胁和保护等级】LC 无危（IUCN，2016）；LC 无危（中国生物多样性红色名录——脊椎动物卷，2020）；中国三有保护鸟类。

288 蓝喉歌鸲

Luscinia svecica

雀形目 Passeriformes	鹟科 Muscicapidae	歌鸲属 *Luscinia*
别称：蓝脖子雀、蓝点亥鸟	英文名：Bluethroat	

【形态特征】体长：雄鸟130～150mm，雌鸟130～160mm。背面土褐色，尾基栗红色，飞时特别明显；喉部辉蓝色，中央有栗红色块斑，下体余部大多白色；喙黑色，虹膜暗褐色；脚暗褐至肉褐色。

【生活习性】主要以昆虫、蠕虫等为食，也吃植物种子等。栖息于灌丛或芦苇丛中。性情隐怯，常在地下作短距离奔驰。

【生　　境】栖息于次生林、人工林、果园、公园，更喜芦苇或低矮灌丛。

【分　　布】遍布全国，为不常见候鸟，繁殖在东北和西北等地，越冬在南方。

【鸣　　声】鸣声饱满似铃声，似“zhi-zhi-zi zi ju zi zi ju”声，有时在夜间鸣叫。

【受威胁和保护等级】LC无危（IUCN，2017）；LC无危（中国生物多样性红色名录——脊椎动物卷，2020）；中国三有保护鸟类；CITES附录II（2023）；国家二级重点保护野生动物。

289 白腹蓝鹟
Larvivora cyanomelana

雀形目 Passeriformes	鹟科 Muscicapidae	蓝鹟属 *Larvivora*
别称：蓝燕、石青、青扁头	英文名：Blue-and-white Flycatcher	

【形态特征】体长：雄鸟、雌鸟 170mm。雄鸟头顶及上体蓝或深蓝色，头侧、额、喉至胸黑色；腹及尾下覆羽白色；翼大致与上体同色；尾羽暗蓝色，外侧基部白色；喙、脚黑色；虹膜深褐色。雌鸟上体及翼褐色；颏、喉淡皮黄色，胸及胁灰褐或淡褐色；尾羽棕褐色。

【生活习性】主要以昆虫和昆虫幼虫为食。飞翔于丛林中，飞行迅速，但不远飞。迁徙时集小群。

【生　　境】栖息于中低海拔的针阔叶混交林、针叶林、阔叶林和次生林等。

【分　　布】国内广布于东部、南部及西南地区，为常见候鸟。

【鸣　　声】鸣唱为复杂而圆润的哨音。

【受威胁和保护等级】LC 无危（IUCN，2016）；LC 无危（中国生物多样性红色名录——脊椎动物卷，2020）。

290 红尾歌鸲 *Larvivora sibilans*

雀形目 Passeriformes	鹟科 Muscicapidae	鸲鸟属 *Larvivora*
别称：红腿欧鸲	英文名：Rufaus-tailed Robin	

【形态特征】体长：雄鸟 128～150mm，雌鸟 126～150mm。大小似麻雀而稍小；上体橄榄褐色；下体近白色；胸具鳞状斑；喙黑色，虹膜暗褐色；脚浅褐色。

【生活习性】主要以昆虫为食。性活跃，但羞怯。

【生　　境】栖息于稀疏林木下的灌木密集地，多在地上和接近地面的灌木或树桩上活动。

【分　　布】国内见于东部和南部，为不常见候鸟。

【鸣　　声】鸣声单调，长而高亢，似“yu yu yu yu”声。

【受威胁和保护等级】LC 无危（IUCN，2016）；LC 无危（中国生物多样性红色名录——脊椎动物卷，2020）；中国三有保护鸟类。

291 红喉歌鸲 *Calliope calliope*

雀形目 Passeriformes	鹟科 Muscicapidae	野鸲属 *Calliope*
别称：红脖、红脖雀、白点颏、西伯利亚歌鸲		英文名：Siberian Rubythroat

【形态特征】体长：雄鸟 135～170mm，雌鸟 131～170mm。较麻雀稍大。雄鸟喉部赤红色；雌鸟体色与雄鸟相似，但喉部红色面积小。喙暗褐色、基部色淡，虹膜褐色，脚浅褐色。

【生活习性】典型地栖鸟类。多在地面觅食，食昆虫。

【生　　境】栖息于次生林、人工林、果园、公园等，更喜近水芦苇、灌丛。

【分　　布】国内见于除西部之外的广大地区，为不常见候鸟。

【鸣　　声】雄鸟的鸣唱声特别悠扬婉转，柔和而带颤音，似“yu yu ju wei wei”声，迁徙时静寞无声；笼养的雄鸟常发出一连串多韵而悦耳的低颤声，晨昏至夜间也在叫唱。

【受威胁和保护等级】LC 无危（IUCN，2016）；LC 无危（中国生物多样性红色名录——脊椎动物卷，2020）；中国三有保护鸟类；国家二级重点保护野生动物。

292 红胁蓝尾鸲
Tarsiger cyanurus

雀形目 Passeriformes	鹟科 Muscicapidae	鸲属 *Tarsiger*
别称：蓝尾巴根、蓝尾述、青鹟、蓝尾欧鸲、红胁歌鸲		英文名：Crange flanked Bush Robin

【形态特征】体长：雄鸟 121～150mm，雌鸟 128～150mm。雄鸟背面灰蓝色；雌、雄两胁均栗橙色；喙黑色，虹膜褐色；脚浅褐色。

【生活习性】主要以昆虫为食，兼食一些蜘蛛、果实和草籽等。

【生　　境】栖息于丘陵、平原开阔林地、灌丛或园圃中，更喜灌丛。

【分　　布】广布于我国中、东部地区，繁殖在东北和西南等地区。

【鸣　　声】叫声似“ju wei ju ju wei”；迁徙中，几不鸣叫。

【受威胁和保护等级】LC 无危（IUCN，2016）；LC 无危（中国生物多样性红色名录——脊椎动物卷，2020）；中国三有保护鸟类。

293 白眉姬鹟
Ficedula zanthopygia

雀形目 Passeriformes	鹟科 Muscicapidae	姬鹟属 *Ficedula*
别称：白眉鹟	英文名：Yellow-rumped Flycatcher	

【形态特征】体长：雄鸟、雌鸟 130mm。雄鸟头顶、头侧、后颈、颈侧、上背、尾上覆羽及尾羽黑色，眉纹白色；下背及腰黄色；翼黑为主，具宽阔的白翼斑；下体鲜黄色，部分个体喉及上胸染橙红色；喙黑色，虹膜深褐色；脚灰褐色。雌鸟头至背灰绿色，眉纹甚模糊，尾上覆羽至尾羽深褐色；翼深褐色，具不同形状的翼斑；下体淡黄绿色。

【生活习性】主要以昆虫为食。多在树冠下层低枝处活动和觅食，也常飞到空中捕食飞行性昆虫。

【生　　境】主要栖息于海拔 1000m 以下的针阔叶混交林、针叶林、阔叶林和次生林等。

【分　　布】国内广布于东部和南部地区，为常见候鸟。

【鸣　　声】鸣唱响亮、清脆而多变，似“pi-pi, piaokaopi-pilixiao-ao-, pi-, qisiqilili”；平时叫声低沉而短促，声似“xi-xi-xi”。

【受威胁和保护等级】LC 无危（IUCN，2017）；LC 无危（中国生物多样性红色名录——脊椎动物卷，2020）；中国三有保护鸟类。

294 黄眉姬鹟
Ficedula narcissina

雀形目 Passeriformes	鹟科 Muscicapidae	姬鹟属 *Ficedula*
别称：黑背黄眉鹟、黄眉鹟	英文名：Narcissus Flycatcher	

【形态特征】体长：雄鸟、雌鸟130mm。雄鸟上体及尾羽黑色为主，眉纹黄色，下背至腰鲜黄色；翼黑，具醒目的长圆形翼斑；下体黄色，尾下覆羽白色，喙黑色，虹膜深褐色；脚灰褐色。雌鸟无眉纹；上体灰褐色；腰及尾上覆羽橄榄色；尾羽褐色；翼深褐色，无明显白色部分；下体淡黄白色。

【生活习性】主要以鞘翅目、鳞翅目、直翅目、膜翅目等昆虫和昆虫幼虫为食。多在树冠层枝叶间活动，从树的顶层及树间捕食昆虫，也飞到空中捕食飞行性昆虫。

【生　　境】栖息于针阔叶混交林、针叶林、阔叶林、次生林。

【分　　布】国内见于东部及南部，为不常见候鸟。

【鸣　　声】音调较高的哨音“zhi-zhu-zhi”，两声或三声一度。

【受威胁和保护等级】LC无危（IUCN，2017）；LC无危（中国生物多样性红色名录——脊椎动物卷，2020）；中国三有保护鸟类。

295 红喉姬鹟 *Ficedula albicilla*

雀形目 Passeriformes	鹟科 Muscicapidae	姬鹟属 *Ficedula*
别称：白点颏、黑尾杰、红胸鹟、黄点颏	英文名：Taiga Flycatcher	

【形态特征】体长：雄鸟、雌鸟 110mm。雄鸟繁殖羽头灰色，上体余部橄榄褐色；翼深褐色，大覆羽和内侧飞羽具淡褐羽缘；颏、喉及胸橙红色，下体余部白色；尾上覆羽和尾羽黑色，除中央尾羽外，其余尾羽基部白；喙、虹膜、脚黑色。非繁殖羽和雌鸟相似，颜、喉白色，胸淡褐色。

【生活习性】常单独或成对活动，迁徙和越冬时可成小群。性活泼，喜于树木中下部或者地面活动，常在树枝间跳跃或飞行，尾羽常高高翘起。

【生　　境】栖息于针阔叶混交林、针叶林、阔叶林、次生林。

【分　　布】迁徙时遍布东部地区，数量较多。

【鸣　　声】单调的颤音似“ke ke”声。

【受威胁和保护等级】LC 无危（IUCN，2016）；LC 无危（中国生物多样性红色名录——脊椎动物卷，2020）；中国三有保护鸟类。

296 北红尾鸲

Phoenicurus auroreus

雀形目 Passeriformes	鹟科 Muscicapidae	红尾鸲属 *Phoenicurus*
别称：红尾溜、朗鸲、花红燕、火燕、大红燕、穿马褂、灰顶茶鸲		英文名：Daurian Redstart

【形态特征】体长：雄鸟、雌鸟130～150mm。雄鸟头顶至枕灰白色，背黑色；头侧、颌及喉黑色；下体余部橙棕色；翼黑色，次级飞羽基部白色，构成醒目的块状白色翼斑；中央一对尾羽黑褐色，其余橙棕色；喙黑色，虹膜褐色；脚黑色。雌鸟褐或灰褐色，白色翼斑小。

【生活习性】主要以昆虫为食。行动敏捷，频繁地在地上和灌丛间跳来跳去啄食虫子，偶尔也在空中飞翔捕食。

【生　　境】栖息于次生林、人工林、果园、公园，更喜河岸灌丛。

【分　　布】国内除西部地区之外广泛分布，为常见于各种生境的候鸟。

【鸣　　声】轻快的哨音，富有节奏，似“ji-ji-ji-ji”声。

【受威胁和保护等级】LC无危（IUCN，2017）；LC无危（中国生物多样性红色名录——脊椎动物卷，2020）；中国三有保护鸟类。

297 红腹红尾鸲

Phoenicurus erythrogastrus

雀形目 Passeriformes	鹟科 Muscicapidae	红尾鸲属 *Phoenicurus*
别称：白翅鸲、谷氏鹟	英文名：White-winged Redstart	

【形态特征】体长：雄鸟160～190mm，雌鸟155～180mm。雄鸟头顶和颈背均灰白；翅上有一较大的白色翼斑；喙黑色，虹膜褐色；脚黑色。雌鸟上体浅褐色，尾上覆羽和尾羽棕色，下体浅棕灰色。

【生活习性】主要以昆虫为食。常停息在树上、灌木枝头、岩石上或地上，多在地上觅食，尾常不停地上下摆动。性惧生而孤僻。

【生　　境】栖息于海拔2000～4800m的灌丛、高山草甸、溪流、河谷、高山山坡等。

【分　　布】国内主要见于西部地区，向东可到华北，为罕见留鸟或候鸟。

【鸣　　声】鸣声为短促清晰的哨音“ti si”接以突发的似喘息短促音，于突出的栖木上或炫耀飞行时鸣唱。

【受威胁和保护等级】LC无危（IUCN，2016）；LC无危（中国生物多样性红色名录——脊椎动物卷，2020）。

298 蓝矶鸫
Monticola solitarius

雀形目 Passeriformes	鹟科 Muscicapidae	矶鸫属 *Monticola*
别称：亚东蓝石鸫、麻石青、水嘴	英文名：Blue Rock Thrush	

【形态特征】体长：雄鸟、雌鸟 220mm。雄鸟上体灰蓝色；下体前蓝后栗红；喙黑色，虹膜暗褐色；脚黑色。雌鸟喉与下体余部同色，并无块斑。

【生活习性】主要以昆虫为食。多在地上觅食，常从栖息的高处直落地面捕猎，或突然飞出捕食空中活动的昆虫，然后飞回原栖息处。

【生　　境】常栖息于山地岩石、灌丛、草地。

【分　　布】分布几遍我国东部与中部，亦见于新疆天山及西藏南部。

【鸣　　声】雄鸟繁殖期善吟咏，叫声动听富有音韵；冬时，常间隔发出“ge-ge”声，如蛙叫，但较低微。

【受威胁和保护等级】LC 无危（IUCN，2012）；LC 无危（中国生物多样性红色名录——脊椎动物卷，2020）；中国三有保护鸟类。

299 白喉矶鸫
Monticola gularis

雀形目 Passeriformes	鹟科 Muscicapidae	矶鸫属 *Monticola*
别称：虎皮翠、蓝头白喉矶鸫	英文名：White-Throated Rock Thrush	

【形态特征】体长：雄鸟、雌鸟170～180mm。雄鸟头顶、枕及翼上小覆羽天蓝色，背、翼上覆羽及飞羽深蓝并具淡黄羽缘，形成鳞状淡斑；喉具一白斑块，下体余部橙红或栗红；腰和尾上覆羽橙红；尾羽深蓝；喙黑，虹膜暗褐；脚肉褐。雌鸟上体褐，下体白，背、胸及胁具鳞状黑斑。

【生活习性】主要以甲虫、金龟子、步行虫、蝼蛄、蝽象、鳞翅目幼虫等昆虫和昆虫幼虫为食，此外也吃蜘蛛和其他小型无脊椎动物。多在林下地面或林下灌丛间活动和觅食。

【生　　境】栖息于较低海拔的山地岩石、针叶林、混交林、灌丛和草地。

【分　　布】为我国东部和南部不常见候鸟，繁殖于东北、华北，越冬于南部沿海地区和海南岛。

【鸣　　声】鸣声圆润而婉转，似“ji ji–ji”声。

【受威胁和保护等级】LC无危（IUCN，2019）；LC无危（中国生物多样性红色名录——脊椎动物卷，2020）。

300 东亚石䳭 *Saxicola stejnegeri*

雀形目 Passeriformes	鹟科 Muscicapidae	石䳭属 *Saxicola*
别称：石子石栖鸟、野鹟、石栖鸟、谷尾鸟、黑喉鸲		英文名：Stejneger's Stonechat

【形态特征】体长：雄鸟128～146mm，雌鸟118～140mm。雄鸟上体黑褐色；翼暗褐色；尾和喉部黑色；肩上具白斑；下体栗棕色；喙黑色，虹膜暗褐色；脚黑色。雌鸟与雄鸟相似，但上体沾灰，喉部灰棕色近白色。

【生活习性】主要以昆虫为食，兼食些蚯蚓、蜘蛛和杂草种子等。喜欢站在灌木枝头和小树顶枝上，并不断地扭动尾羽。

【生　　境】栖息于海拔800～6500m间森林、灌丛、草原、草甸、沼泽地、农田、居民点附近等各种环境。

【分　　布】国内广布于各地，为常见的季候鸟。

【鸣　　声】鸣声尖细、响亮，为单调的“wi-ka-ka”。

【受威胁和保护等级】LC无危（IUCN，2016）；LC无危（中国生物多样性红色名录——脊椎动物卷，2020）；中国三有保护鸟类。

301 白斑黑石䳭
Saxicola caprata

雀形目 Passeriformes	鹟科 Muscicapidae	石䳭属 *Saxicola*
别称：麦鸦、慈乌、燕乌、孝乌、小山老鸹、侉老鸦、慈鸦		英文名：Pied Bushchat

【形态特征】体长：雄鸟125～145mm，雌鸟125～135mm。雄鸟除两翅近背部及尾的上、下覆羽为白色外，通体均黑；喙黑褐色，虹膜褐色；脚黑褐色。雌鸟除尾上覆羽为红棕色外，上体暗褐，下体浅褐而沾棕。

【生活习性】主要以昆虫为食。常成对或单个停息于田边灌木丛、矮树、小树等的梢端部或电线上，见有可食之物，便猛扑捉获。

【生　　境】栖息于开阔沟谷地带。

【分　　布】国内见于西南部地区，为常见留鸟。

【鸣　　声】鸣声为悦耳的细弱哨音“yi-yi-yi”；告警声为似责骂的“chuh”声。

【受威胁和保护等级】LC无危（IUCN，2018）；LC无危（中国生物多样性红色名录——脊椎动物卷，2020）。

302 戴菊
Regulus regulus

雀形目 Passeriformes	戴菊科 Regulidae	戴菊属 *Regulus*
别称：黑翅山椒鸟、平尾龙眼燕	英文名：Goldcrest	

【形态特征】体长：雄鸟95～100mm，雌鸟85～95mm。雄鸟眼先及眼周灰白，前额深灰，黑侧顶冠纹包围黄色的头顶中央，繁殖期黄顶纹后略带橙红；髭纹黑而不显，头余部灰；背及腰灰绿；下体灰；尾羽黑具灰绿外缘；大、中覆羽黑具灰绿色外缘而末端白形成白翼斑，与次级飞羽的黑斑形成独特的翼上图案，喙黑色，虹膜褐色；脚淡褐色。雌鸟头顶无橙红色。

【生活习性】性活泼，好动而常悬停。

【生　　境】栖息于针叶林、针阔混交林等各类以针叶林为主的生境。

【分　　布】国内于中西部及西南部为留鸟，于东北部为夏候鸟，冬候鸟见于东北、华北、华东地区及台湾。

【鸣　　声】鸣声为高调的重复型短句“zi-zi-zi-hei，zi-zi-wei”，音调多变化。

【受威胁和保护等级】LC无危（IUCN，2016）；LC无危（中国生物多样性红色名录——脊椎动物卷，2020）；中国三有保护鸟类。

303 太平鸟
Bombycilla garrulus

雀形目 Passeriformes	太平鸟科 Bombycillidae	太平鸟属 *Bombycilla*
别称：十二黄	英文名：Bohemian Waxwing	

【形态特征】体长：雄鸟174～211mm，雌鸟180～200mm。灰褐色，具羽冠；额、喉黑色，尾羽先端黄色；喙黑色，虹膜暗红色；脚黑色。

【生活习性】多成群活动，主要在高大树木顶端。繁殖期主要以昆虫为食，秋后食浆果，也吃落叶松的球果等。

【生　　境】栖息于针叶林、针阔混交林、人工松林、果园和公园等。

【分　　布】国内见于新疆西部和从东北到华中、华东的广泛区域及台湾，为冬候鸟和旅鸟。

【鸣　　声】取食间隙发出轻柔的“pi-pi-pi-pi-”或“shi-shi-shi-shi-”声，并有悦耳的串铃音“chili-chili-chili”。

【受威胁和保护等级】LC无危（IUCN，2018）；LC无危（中国生物多样性红色名录——脊椎动物卷，2020）；中国三有保护鸟类；河北省重点保护鸟类。

304 小太平鸟
Bombycilla japonica

雀形目 Passeriformes	太平鸟科 Bombycillidae	太平鸟属 *Bombycilla*
别称：十二红、绯连雀、朱连雀	英文名：Japanese Waxwing	

【形态特征】体长：雄鸟170～195mm，雌鸟165～200mm。灰褐色，具羽冠；颏、喉黑色；尾羽先端红色；喙黑色，虹膜紫红色；脚黑色。

【生活习性】主要以植物果实及种子为食。常与太平鸟混群。

【生　　境】栖息于低山、丘陵和平原地区的阔叶林、针叶林、果园和公园等。

【分　　布】国内见于从东北到华南的广泛区域，为冬候鸟和旅鸟。

【鸣　　声】群鸟发出高音的咬舌音，似“ji-ji”声。

【受威胁和保护等级】NT近危（IUCN，2012）；LC无危（中国生物多样性红色名录——脊椎动物卷，2020）；中国三有保护鸟类；河北省重点保护鸟类。

305 棕眉山岩鹨
Prunella montanella

雀形目 Passeriformes	岩鹨科 Prunellidea	岩鹨属 *Prunella*
别称：山岩鹨、西伯利亚岩鹨	英文名：Siberian Accentor	

【形态特征】体长：雄鸟、雌鸟 145～155mm。前额、眼先、头顶、颊及耳羽黑，眉纹、额、喉、眼下及耳后具土黄色斑；颈侧灰色；上体大致棕褐色，具黑纵纹；下体土黄色，胁略具褐纵纹；尾羽褐色，外侧无白色；喙黑色，尖细；虹膜褐色；脚淡黄褐色。

【生活习性】冬季喜与鹨类混群于林地及多灌丛处。

【生　　境】栖息于林缘、河谷、灌丛、农田。

【分　　布】国内见于北方地区，偶至长江以南，为冬候鸟。

【鸣　　声】鸣唱婉转多变，叫声为短促的一串“ji-ji-ji-ji”声。

【受威胁和保护等级】LC 无危（IUCN，2019）；LC 无危（中国生物多样性红色名录——脊椎动物卷，2020）；中国三有保护鸟类。

306 家麻雀
Passer domesticus

雀形目 Passeriformes	雀科 Passeridae	麻雀属 *Passer*
别称：英格兰麻雀、欧洲麻雀	英文名：House Sparrow	

【形态特征】体长：雄鸟、雌鸟 140～160mm。雄鸟前额、头顶及后颈灰，眼先黑，眼后浓栗色延伸至颈侧，颏、喉中央及上胸黑；大覆羽具皮黄色翼斑；飞羽深褐，羽缘色淡。脸颊、胸侧及下体灰；尾上覆羽及尾羽灰；喙灰褐，雄鸟在繁殖期黑；虹膜深褐；脚粉褐。雌鸟头颈灰，长眉纹皮黄；背具模糊翼斑；胸浅灰，具模糊细纵纹；腹及尾下覆羽灰白。

【生活习性】属杂食性鸟类，主要以植物性食物和昆虫为食。性喜结群，除繁殖期间外，多呈小群。

【生　　境】栖息于城镇、村庄及开阔的自然生境，进行季节性迁徙或游荡。

【分　　布】国内见于西北、西藏西部和东北的部分地区，为区域性常见留鸟；近年来在西南地区有所扩散。

【鸣　　声】单调的“jiu jiu”声和“ji zha”声。

【受威胁和保护等级】LC 无危（IUCN，2017）；LC 无危（中国生物多样性红色名录——脊椎动物卷，2020）。

307 麻雀
Passer montanus

雀形目 Passeriformes	雀科 Passeridae	麻雀属 *Passer*
别称：家雀、瓦雀、硫雀、霍雀、树麻雀、老家贼、嘉宾		英文名：Eurasian Tree Sparrow

【形态特征】体长：雄鸟、雌鸟 140mm。头顶至后颈棕栗色，眼先及眼周黑色，脸至颈侧白色，耳羽具黑圆斑；肩背部棕褐色，遍布黑纵纹。腰及尾上覆羽褐色；尾羽暗褐色，羽缘色淡；翼黑褐色，中、大覆羽具白翼斑；颏、喉中央黑色，胸、腹灰色，有时略带黄色，胁及尾下覆羽灰褐色；喙黑色，虹膜深褐色；脚粉褐色。

【生活习性】常结群活动，不甚畏人。

【生　　境】栖息于城市和乡村等近人类的环境。

【分　　布】国内几乎见于所有地区，为常见留鸟。

【鸣　　声】干涩的“ji zha”声。

【受威胁和保护等级】LC 无危（IUCN，2016）；LC 无危（中国生物多样性红色名录——脊椎动物卷，2020）；中国三有保护鸟类。

308 山鹡鸰
Dendronanthus indicus

雀形目 Passeriformes	鹡鸰科 Motacillidae	山鹡鸰属 *Dendronanthus*
别称：刮刮油、横花牛屎、树鹡鸰、林鹡鸰	英文名：Forest Wagtail	

【形态特征】体长：雄鸟、雌鸟150～170mm。眉纹白色。上体橄榄褐色，两翼具黑白色的翅斑，飞行时十分显眼；下体白色，胸前具两条黑色胸带，较下的一道有时不完整；上喙黑褐、下喙色浅，虹膜褐色；脚肉色。

【生活习性】单独或成对在开阔森林下穿行，也栖于树上。

【生　　境】栖息于次生阔叶林、果园、河域和城镇等。

【分　　布】国内繁殖于东北、华北、华中和华东地区，冬季南迁至华南、西南和西藏东南部。

【鸣　　声】鸣唱为金属音“zhiba zhiba aiba ai-”声；鸣叫为短促的“tsip”。

【受威胁和保护等级】LC无危（IUCN，2016）；LC无危（中国生物多样性红色名录——脊椎动物卷，2020）；中国三有保护鸟类。

309 树鹨
Anthus hodgsoni

雀形目 Passeriformes	鹡鸰科 Motacillidae	鹨属 *Anthus*
别称：木鹨、麦加蓝儿、树鲁	英文名：Olive-backed Pipit	

【形态特征】体长：雄鸟、雌鸟150～160mm。眉线白色，贯眼纹色深，耳羽暗橄榄色，耳后具淡斑，喉侧有黑褐色颧纹；背部橄榄绿色，具不明显黑褐色纵纹和两道白翼斑，喉至胸及外侧尾羽乳白色，腹白色，胸、胁具黑色粗重斑；上喙黑色、下喙偏粉色，虹膜红褐色；脚肉褐色。

【生活习性】以昆虫为食。

【生　　境】栖息于开阔平原、草地、河岸、灌丛、林间、农田、沼泽等，喜山地森林。

【分　　布】国内分布于从西南到东北的大部地区，在长江以南越冬。

【鸣　　声】受惊扰或飞行时发出“tseep”或“duii”的叫声。

【受威胁和保护等级】LC无危（IUCN，2019）；LC无危（中国生物多样性红色名录——脊椎动物卷，2020）；中国三有保护鸟类。

310 红喉鹨 *Anthus cervinus*

雀形目 Passeriformes	鹡鸰科 Motacillidae	鹨属 *Anthus*
别称：褐色鹨	英文名：Red-throated Pipit	

【形态特征】体长：雄鸟、雌鸟 140～160mm。雄鸟繁殖羽头、喉至胸红褐色，头具细黑纹；背灰褐色，具黄纹、黑斑及淡翼带；腹至尾下覆羽皮黄色，胸侧至胁具黑褐色纵斑，非繁殖羽红褐色消失，眉纹淡褐色，耳羽褐色，颚线黑色；腹米白色，胸、胁具黑纵斑；喙黑褐色，基部黄，虹膜深褐色；脚肉褐色。雌鸟淡红褐色。

【生活习性】停栖时下半身常上下摆动，飞行呈波浪状。常与黄鹡鸰同域活动，以昆虫、植物种子为食。

【生　　境】栖息于开阔平原、草地、河岸、灌丛、林间、农田、沼泽、海岸。

【分　　布】繁殖于欧亚大陆北部至库页岛、阿拉斯加，越冬于非洲、南亚及东南亚。

【鸣　　声】叫声为尖细的“zi”声。

【受威胁和保护等级】LC 无危（IUCN，2019）；LC 无危（中国生物多样性红色名录——脊椎动物卷，2020）；中国三有保护鸟类。

311 黄腹鹨
Anthus rubescens

雀形目 Passeriformes	鹡鸰科 Motacillidae	鹨属 *Anthus*
别称：鹨鸟	英文名：Buff-bellied Pipit	

【形态特征】体长：雄鸟、雌鸟150mm。繁殖羽眉纹黄白色，耳羽、背灰褐色，具不明显暗纵纹及淡翼斑，喉以下淡黄褐色，头侧、胸侧、胁具黑纵斑，尾羽外侧白色。非繁殖羽似树鹨，但喉下方两侧具黑斑，喉以下污白色，略带褐色，额线黑，白翼斑粗；喙黑褐色、基部黄色，虹膜深褐；脚黄褐色。

【生活习性】以昆虫、嫩芽及种子为食。单独或小群于地面步行。

【生　　境】栖息于开阔平原、草地、河岸、灌丛、林间、农田、沼泽、海岸。

【分　　布】国内迁徙或越冬于大部分地区（除西藏、青海、宁夏）。

【鸣　　声】鸣声为一连串快速的“qiuwei qiuwei qiuwei qiuwei”声；飞行叫声为偏高的“ji，jiji”声，不如水鹨尖厉。

【受威胁和保护等级】LC无危（IUCN，2018）；LC无危（中国生物多样性红色名录——脊椎动物卷，2020）。

312 水鹨
Anthus spinoletta

雀形目 Passeriformes	鹡鸰科 Motacillidae	鹨属 *Anthus*
别称：冰鸡儿	英文名：Water Pipit	

【形态特征】体长：雄鸟160～180mm，雌鸟150～170mm。繁殖羽眉纹乳白色；背灰褐色，具不明显暗纹和淡翼斑；尾羽外侧白色；腹淡黄褐色，胸侧及胁具稀疏褐纵纹，胸部纹夏天几乎完全消失；喙暗褐色，虹膜深褐色；脚褐色。非繁殖羽色浅，背褐色，翼带不显，胸、胁具黑点或纵纹。

【生活习性】以昆虫、嫩芽和种子为食，地面步行，停栖时姿势较平。

【生　　境】栖息于水域附近之湿地、沼泽及溪畔等地。

【分　　布】繁殖于中国西部和中部，越冬于中国南部。

【鸣　　声】鸣叫声多种，含短促的数声“tsip”和惊飞时发出的尖细的“jiu-jiu”双音等。

【受威胁和保护等级】LC无危（IUCN，2019）；LC无危（中国生物多样性红色名录——脊椎动物卷，2020）；中国三有保护鸟类。

313 田鹨
Anthus richardi

雀形目 Passeriformes	鹡鸰科 Motacillidae	鹨属 *Anthus*
别称：花鹨、理氏鹨	英文名：Richard's Pipit	

【形态特征】体长：雄鸟 150～201mm，雌鸟 150～200mm。头顶具暗褐色纵纹，眉纹浅皮黄色；上体棕褐色；背部具褐色纵纹；胸口具细小的黑色纵纹；下体皮黄色；跗跖肉色，后爪较其他鹨类更长；站姿也较直。

【生活习性】主要以昆虫为食，是消灭蝗虫天然助手。夏季食昆虫，秋冬吃草籽。多在较干燥泥地、耕地、草地上活动，飞行呈波浪式，多贴地面飞行。

【生　　境】多栖于地上或小灌木上。

【分　　布】国内繁殖于东北及华北，越冬于中国中部和东部。

【鸣　　声】飞行时重复发出“chew-ii，chew-ii”或“chip-chip-chip”及细弱的“chup-chup”声；惊飞时发出响亮厚重的单声“jiu yi”声，鸣唱为鸣叫的不断重复。

【受威胁和保护等级】LC 无危（IUCN，2016）；LC 无危（中国生物多样性红色名录——脊椎动物卷，2020）。

314 布氏鹨
Anthus godlewskii

雀形目 Passeriformes	鹡鸰科 Motacillidae	鹨属 *Anthus*
别称：布莱氏鹨	英文名：Blyth's Pipit	

【形态特征】体长：雄鸟170mm，雌鸟155～170mm。外形甚似田鹨及东方田鸡，体型略小而显紧凑，尾较短，腿较短；褐色；上体纵纹多，下体单一皮黄色，中覆羽具清晰翼斑；喙短而尖，暗褐色，喙基和下喙色淡，虹膜褐色；脚淡褐色，爪褐色，后爪较短且弯曲。

【生活习性】主要取食昆虫，也吃蜘蛛、蜗牛等小型无脊椎动物，此外还吃苔藓、谷粒、杂草种子等植物性食物。常成对或成3～5只的小群活动，迁徙期间亦集成较大的群。多在地上奔跑觅食。

【生　　境】栖息于干旱平原、旷野、草地、河岸、灌丛等。

【分　　布】国内繁殖于大兴安岭西侧经内蒙古至青海及宁夏，冬季南迁至西藏东南部、四川及贵州。

【鸣　　声】圆润的“jiu”声。

【受威胁和保护等级】LC无危（IUCN，2019）；LC无危（中国生物多样性红色名录——脊椎动物卷，2020）。

315 灰鹡鸰
Motacilla cinerea

雀形目 Passeriformes	鹡鸰科 Motacillidae	鹡鸰属 *Motacilla*
别称：马兰花儿、牛屎、黄鸮	英文名：Grey Wagtail	

【形态特征】体长：雄鸟170～190mm，雌鸟170～180mm。头灰，细眉纹白，颜纹白而下缘灰；上背灰，飞行时白翼斑和黄腰明显，尾较长。繁殖羽雄鸟喉黑，下体艳黄（有些个体仅喉至上体黄）；尾下覆羽黄，下体余部白；喙黑色，虹膜褐色；脚暗绿或角质褐色。

【生活习性】主要以昆虫为食，也吃蜘蛛等其他小型无脊椎动物。多在水边行走或跑步捕食，有时也在空中捕食。

【生　　境】栖息于次生阔叶林、果园、河域、城镇，更喜湿地、海岸。

【分　　布】国内繁殖于西北、华北、东北、华中至东部及台湾的山地，越冬于西南、华南、东南。

【鸣　　声】飞行时发出尖锐的两声“ji ji、ji ji”；鸣唱为鸣叫的重复。

【受威胁和保护等级】LC无危（IUCN，2019）；LC无危（中国生物多样性红色名录——脊椎动物卷，2020）；中国三有保护鸟类。

316 黄鹡鸰
Motacilla tschutschensis

雀形目 Passeriformes	鹡鸰科 Motacillidae	鹡鸰属 *Motacilla*
别称：黄鹡鸰	英文名：Eastern Yellow Wagtail	

【形态特征】体长：雄鸟150～180mm，雌鸟150～170mm。头顶、背均灰色，耳羽黑色，眉纹不明显；背部橄榄绿色或橄榄褐色；尾较短，飞行时无白色翼纹，腰黄绿色；非繁殖期体羽褐色较重。雌鸟和亚成鸟无黄色的臀部，幼鸟腹部白色。

【生活习性】主要以昆虫为食，多在地上捕食。喜欢停栖在河边或河心石头上，尾不停地上下摆动。飞行时两翅一收一伸，呈波浪式前进。

【生　　境】栖息于次生阔叶林、果园、河域、城镇，更喜稻田、沼泽边缘及近水的矮草地，迁徙时常结成大群。

【分　　布】繁殖于北方及东北，越冬于东南地区及海南。

【鸣　　声】飞行时发出单声响亮的“ji–”；鸣唱婉转，夹杂鸣叫。

【受威胁和保护等级】LC无危（IUCN，2017）；LC无危（中国生物多样性红色名录——脊椎动物卷，2020）；中国三有保护鸟类。

317 白鹡鸰 *Motacilla alba*

雀形目 Passeriformes	鹡鸰科 Motacillidae	鹡鸰属 *Motacilla*
别称：白面鸟、白颠儿、濒、马兰花儿	英文名：White Wagtail	

【形态特征】体长：雄鸟、雌鸟160～190mm。上体灰色或黑色，下体白色，两翼及尾黑白相间。雄鸟头顶到上背均为黑色，胸部具黑色斑块；喙黑色，虹膜褐色；脚黑色。

【生活习性】主要以昆虫为食，也吃蜘蛛等其他无脊椎动物，偶尔也吃植物种子、浆果等，受惊扰时呈波浪形飞行并发出警示叫声。

【生　　境】栖息于近水开阔地、果园、稻田、河域、城镇等多种环境，更喜湿地、海岸。

【分　　布】国内繁殖于四川、云南、西藏东南部的山区。

【鸣　　声】飞行时发出清脆的“ji ji ji、ji ji ji、ji ji ji”声。

【受威胁和保护等级】LC无危（IUCN，2019）；LC无危（中国生物多样性红色名录——脊椎动物卷，2020）；中国三有保护鸟类。

318 苍头燕雀 *Fringilla coelebs*

雀形目 Passeriformes	燕雀科 Fringillidae	燕雀属 *Fringilla*
别称：燕雀	英文名：Common Chaffinch	

【形态特征】体长：雄鸟、雌鸟 140～160mm。雄鸟繁殖羽头顶、枕、后颈及颈侧蓝灰，背栗褐，腰黄绿；小、中覆羽具白块斑；大覆羽具白翼斑；飞羽黑，外侧羽缘淡黄。尾羽黑，外侧羽缘白；头侧及下体大部栗红，尾下覆羽白。非繁殖羽头顶灰褐色，翼斑淡黄色，下体淡褐色，腹部白色；喙灰色、雌鸟浅褐色；虹膜褐色。脚浅褐色。雌鸟上体橄榄褐色，下体淡灰褐色，飞羽暗褐色。

【生活习性】杂食性鸟类，主要以草籽、果实、种子等植物性食物为食，繁殖期间则主要以昆虫为食。除繁殖、育雏阶段成对活动外，其他季节多成群。

【生　　境】栖息于各种林地、灌丛，也见于农田和城镇公园，多集群或与燕雀混群。

【分　　布】国内分布于华北、东北、西北，为不常见冬候鸟。

【鸣　　声】一连串快节奏的圆润哨音，似“chink”声。

【受威胁和保护等级】LC无危（IUCN，2016）；LC无危（中国生物多样性红色名录——脊椎动物卷，2020）。

319 燕雀
Fringilla montifringilla

雀形目 Passeriformes	燕雀科 Fringillidae	燕雀属 *Fringilla*
别称：虎皮雀	英文名：Brambing	

【形态特征】体长：雄鸟140～170mm，雌鸟140～160mm。雄鸟繁殖羽头至背黑，冬季具锈棕色显著羽缘。腰和尾上覆羽白，白腰显著；颈、喉、胸橙色，下体余部白，两胁具黑点；喙黄色、尖灰黑色；虹膜、脚褐。雌鸟头灰褐色，头顶至枕有两道宽的黑纵纹，背棕褐色，具黑点。

【生活习性】主要以草籽、果实、种子等植物性食物为食。繁殖期间则主要以昆虫为食。

【生　　境】栖息于各种林地、灌丛、城镇公园，喜集群活动。

【分　　布】国内见于除青藏高原外的大部分地区，为常见冬候鸟，在东北有繁殖记录。

【鸣　　声】鸣声较短促，为拖长且富有金属感的“chi—”声，也发出高叫及吱叫声；飞行叫声为“yi-e”。

【受威胁和保护等级】LC无危（IUCN，2017）；LC无危（中国生物多样性红色名录——脊椎动物卷，2020）；中国三有保护鸟类。

320 锡嘴雀
Coccothraustes coccothraustes

雀形目 Passeriformes	燕雀科 Fringillidae	锡嘴雀属 *Coccothraustes*
别称：蜡嘴雀、老西儿	英文名：Hawfinch	

【形态特征】体长：雄鸟、雌鸟160～190mm。雄鸟头灰褐色，眼先、眼周黑色；颈灰色；背暗褐色；腰和尾上覆羽棕褐色；大覆羽和各级飞羽黑色，具紫黑色金属光泽；尾羽基黑端白；颏、喉黑色，下体余部淡棕色，尾下覆羽白色；喙甚粗，灰或粉褐色，虹膜褐色；脚浅褐色。雌鸟似雄鸟，仅眼先暗褐，飞羽无金属光泽。

【生活习性】主要以植物果实、种子为食，也吃昆虫。多单独或成对活动，非繁殖期则喜成群，常频繁地在树枝间跳跃或在树丛间飞来飞去。一般不甚惧人。

【生　　境】栖息于较低海拔的阔叶林、混交林和灌丛，也见于村庄和城镇公园。

【分　　布】国内除青藏高原及海南外广泛分布，为区域性常见留鸟或候鸟。

【鸣　　声】尖细的“zizi”声或多变的哨音，活动时常发出一种单调而低的“si-si si”声，有时边飞边叫。

【受威胁和保护等级】LC无危（IUCN，2016）；LC无危（中国生物多样性红色名录——脊椎动物卷，2020）；中国三有保护鸟类；河北省重点保护鸟类。

321 黑尾蜡嘴雀
Eophona migratoria

雀形目 Passeriformes	燕雀科 Fringillidae	蜡嘴雀属 *Eophona*
别称：蜡嘴、小桑嘴、哨花子、铜嘴	英文名：Chinese Grosbeak	

【形态特征】体长：雄鸟180～200mm，雌鸟180～190mm。雄鸟头黑色，背灰褐色，颈、腰至尾上覆羽灰色。尾羽黑色；翼大多黑色，具紫黑金属光泽，初级覆羽和初级飞羽端部形成白翼斑；两胁橙色，下腹至尾下覆羽白色；喙大而厚，基部蓝灰色，中段黄色，端黑色，虹膜红褐色；脚粉褐色。雌鸟头灰褐色，两胁淡橙色。

【生活习性】不惧人。

【生　　境】栖息于低海拔林地、灌丛，亦常见于村镇及城市公园。

【分　　布】国内除西部地区和海南外广泛分布，为常见留鸟或候鸟。

【鸣　　声】一连串圆润的哨音。

【受威胁和保护等级】LC无危（IUCN，2018）；LC无危（中国生物多样性红色名录——脊椎动物卷，2020）；中国三有保护鸟类；河北省重点保护鸟类。

322 黑头蜡嘴雀
Eophona personata

雀形目 Passeriformes	燕雀科 Fringillidae	蜡嘴雀属 *Eophona*
别称：青雀、蜡嘴雀、窃脂	英文名：Japaeese Grosbeak	

【形态特征】体长：雄鸟、雌鸟220～230mm。头顶、眼先、眼周和颊前黑，颊、喉及耳羽、枕和颈灰；背、腰及尾上覆羽灰，大部分翼上覆羽和各级飞羽黑，初级飞羽具白翼斑；尾羽黑；颌黑，下体余部大致灰；喙大而厚，全黄色，虹膜红褐；脚浅褐。

【生活习性】食物随季节和地区而异。除繁殖期成对生活外，多集合成小群，很少为大群。

【生　　境】栖息于较低海拔林地、灌丛和公园。

【分　　布】国内分布于东部地区，为不常见候鸟。

【鸣　　声】圆润的哨音，多为3～4个音节组成。

【受威胁和保护等级】LC无危（IUCN，2017）；NT近危（中国生物多样性红色名录——脊椎动物卷，2020）；中国三有保护鸟类；河北省重点保护鸟类。

323 普通朱雀
Carpodacus erythrinus

雀形目 Passeriformes	燕雀科 Fringillidae	朱雀属 *Carpodacus*
别称：青麻料、朱雀、红麻料	英文名：Common Rosefinch	

【形态特征】体长：雄鸟、雌鸟140～155mm。雄鸟头红色，贯眼纹暗红色；背粉色，具模糊暗红纵纹，腰及尾上覆羽红色；尾羽暗褐色、外侧羽缘淡粉色；额、喉、胸皆红色，腹淡红色、尾下覆羽白色；喙灰色，虹膜暗褐色；脚褐色。雌鸟上体橄榄褐色；翼斑皮黄色；下体灰白色，颏、喉、胸具暗褐纹。

【生活习性】主要以果实、种子、花序、芽苞、嫩叶等植物性食物为食。性活泼，频繁地在树木或灌丛间飞来飞去。

【生　　境】栖息于针叶林、针阔混交林、农田和灌丛等。

【分　　布】国内广布于全国，为常见季候鸟，繁殖于东北和西部地区，越冬于华南和西南。

【鸣　　声】鸣声为单调重复的缓慢上升哨音“yu-ju-ju-jiu”或其变调。

【受威胁和保护等级】LC无危（IUCN，2022）；LC无危（中国生物多样性红色名录——脊椎动物卷，2020）；CITES附录III（2023）；中国三有保护鸟类。

324 长尾雀
Carpodacus sibiricus

雀形目 Passeriformes	燕雀科 Fringillidae	朱雀属 *Carpodacus*
别称：长尾朱雀	英文名：Long-tailed Rosefinch	

【形态特征】体长：雄鸟、雌鸟140～160mm。尾甚长，几占体长一半。雄鸟前额基至眼先暗红色，头顶和颊银白或淡粉色；背粉红色，具黑褐纹；中、大覆羽黑色，具白翼斑；下体粉红色；喙黄褐至粉褐色，虹膜、脚褐色。雌鸟棕褐色，上、下体具黑纵纹；下腹至尾下覆羽淡皮黄色。

【生活习性】主要以草籽等植物种子为食，也吃浆果、果实和嫩叶。繁殖期间常单独或成对活动，繁殖期后呈家族群，一直到翌年三四月份才又分散成对。

【生　　境】栖息于中低海拔的低山、各种林带和灌丛。

【分　　布】国内见于西北、东北、华北、西南和中部地区，为区域性常见留鸟或季候鸟。

【鸣　　声】一连串清脆的颤音；叫声单调，呈低沉的“zha-”声。

【受威胁和保护等级】LC无危（IUCN，2018）；LC无危（中国生物多样性红色名录——脊椎动物卷，2020）。

325 北朱雀
Carpodacus roseus

雀形目 Passeriformes	燕雀科 Fringillidae	朱雀属 *Carpodacus*
别称：靠山红	英文名：Pallas's Rosefinch	

【形态特征】体长：雄鸟、雌鸟 150～170mm。雄鸟头红，前额及头顶前淡粉；背红，具黑褐纹，腰和尾上覆羽粉红；翼黑褐，中、大覆羽具淡粉色翼斑；颈、喉淡粉，下体余部淡红，腹中央白；喙浅褐，虹膜暗褐；脚褐色。雌鸟头红褐，头顶具黑纹；背、翼淡褐，翼斑白。

【生活习性】主要以草籽和灌木种子为食。除繁殖期成对活动外，其他季节多成群。

【生　　境】栖息于中低海拔各种林带和灌丛。

【分　　布】国内见于东北、华北地区，南至长江流域，为不常见冬候鸟。

【鸣　　声】具金属感的“zizi”声。

【受威胁和保护等级】LC 无危（IUCN，2018）；LC 无危（中国生物多样性红色名录——脊椎动物卷，2020）；中国三有保护鸟类；国家二级重点保护野生动物。

326 金翅雀
Chloris sinica

雀形目 Passeriformes	燕雀科 Fringillidae	金翅雀属 *Chloris*
别称：金翅、绿雀、芦花黄雀、黄楠鸟、谷雀	英文名：Oriental Greenfinch	

【形态特征】体长：雄鸟、雌鸟130mm。雄鸟头灰色，前额、眉纹前及颊黄绿色，眼先黑色；背、部分翼上覆羽、胸及腹两侧栗褐色；飞羽黑色，初级飞羽基部黄色；次级飞羽基部外和端部具白斑；腹中央、尾下覆羽淡黄色；喙粉色，虹膜深褐色；脚褐色。雌鸟色暗，颈、背具模糊纵纹。

【生活习性】主要以植物果实、种子、草籽和谷粒等农作物为食。常单独或成对活动，秋冬季节也成群，有时集群多达数十只甚至上百只。

【生　　境】栖息于中低海拔林缘、疏林和灌丛，亦见于村庄和城市公园。

【分　　布】国内见于除新疆、西藏和海南外大部分地区，为常见留鸟。

【鸣　　声】重复短促的“di di”声或拖长的单声似“di–”。

【受威胁和保护等级】LC无危（IUCN，2019）；LC无危（中国生物多样性红色名录——脊椎动物卷，2020）；中国三有保护鸟类。

327 白腰朱顶雀
Acanthis flammea

雀形目 Passeriformes	燕雀科 Fringillidae	白腰朱顶雀属 *Acanthis*
别称：苏雀、贝宁点红	英文名：Common Redpoll	

【形态特征】体长：雄鸟 130～140mm，雌鸟 120～140mm。雄鸟前额基部黑色，前额至头顶前红色，眉纹灰白色，贯眼纹黑褐色；头顶后至背灰白色，具黑纵纹；中、大覆羽具淡皮黄色翼斑；喉至胸白色，明显带粉红色；喙黄褐色、喙尖黑色，虹膜褐色；脚黑褐色。雌鸟似雄鸟，但下体不带红色。

【生活习性】以高粱、小米和荞麦等谷物为食。也食大量种子和一些昆虫。非繁殖季集群活动。

【生　　境】栖息于中低海拔各种林带、灌丛、湿地、农田等生境，也见于村庄和城镇公园。

【分　　布】国内见于北部地区及台湾，为常见冬候鸟。

【鸣　　声】叫声为独特的“ju–iii”的金属声。

【受威胁和保护等级】LC 无危（IUCN，2017）；LC 无危（中国生物多样性红色名录——脊椎动物卷，2020）；CITES 附录 III（2023）。

328 黄雀
Spinus spinus

雀形目 Passeriformes	燕雀科 Fringillidae	黄雀属 *Spinus*
别称：黄鸟、金雀、芦花黄雀	英文名：Eurasian Siskin	

【形态特征】体长：雄鸟、雌鸟110～120mm。雄鸟腰黄色，尾上覆羽橄榄色；中、大覆羽黑褐色，宽阔黄端斑形成显著翼斑；尾羽黑色，大多基部黄色；颏黑，喉、胸至上腹黄色，两胁具黑纵纹；喙灰褐色，虹膜褐色；脚褐黑色。雌鸟头顶及上体偏橄榄色，整体黑纵纹更清晰密集。

【生活习性】繁殖期非常隐蔽。除繁殖期成对生活外，常集结成群。平常游荡于茂密树顶。

【生　　境】栖息于较低海拔的各种林带、农田、河谷和公园。

【分　　布】国内除青藏高原和西南地区之外广泛分布，为常见候鸟。

【鸣　　声】最典型的叫声为“zu-zu-zi-zi-ju yi~”。

【受威胁和保护等级】LC无危（IUCN，2017）；LC无危（中国生物多样性红色名录——脊椎动物卷，2020）；中国三有保护鸟类；CITES附录III（2023）；河北省重点保护鸟类。

329 铁爪鹀
Calcarius lapponicus

雀形目 Passeriformes	铁爪鹀科 Calcariidae	铁爪鹀属 *Calcarius*
别称：雪眉子、铁雀、铁爪子	英文名：Lapland Longspur	

【形态特征】体长：雄鸟、雌鸟145～170mm。雄鸟繁殖羽头、胸黑色，眉纹、颈侧至肩白色，后颈红棕色，背部灰褐色具黑纵纹；非繁殖羽头棕褐色，头顶具黑褐纹，眉纹浅棕色，耳羽外缘具黑斑；喉污白色，髭纹黑色；翼具两条白翼带；下腹皮黄色；喙黄褐色、尖端黑，虹膜黑褐色；脚褐色。雌鸟似雄鸟非繁殖羽，但繁殖羽色深。

【生活习性】群栖，善于地面奔跑、行走和跳动。常与云雀、百灵结成大群觅食。

【生　　境】栖息于平原灌丛、开阔草地、沿海田野、沼泽、农田、海岸等。

【分　　布】国内见于西北、华北、华中及东部沿海，为冬候鸟。

【鸣　　声】飞行时发出生硬的“du”声。

【受威胁和保护等级】LC无危（IUCN，2016）；NT近危（中国生物多样性红色名录——脊椎动物卷，2020）；中国三有保护鸟类；河北省重点保护鸟类。

330 雪鹀 *Plectrophenax nivalis*

雀形目 Passeriformes	铁爪鹀科 Calcariidae	雪鹀属 *Plectrophenax*
别称：路边雀、雪雀	英文名：Snow Bunting	

【形态特征】体长：雄鸟160～180mm，雌鸟150～170mm。雄鸟繁殖羽头及下体、翼羽白色，上体黑色，翅甚长；喙黑色或黄色（冬季），虹膜褐色；脚黑色。雌鸟繁殖羽色淡，头顶、颊及颈背具灰褐纵纹，胸具棕褐纵纹。非繁殖羽雌雄相似，头顶、耳羽及胸侧棕褐色。

【生活习性】冬季群栖；常快步疾走，群鸟升空做波状起伏的炫耀舞姿飞行，然后突然降至地面。

【生　　境】栖息于低山区和丘陵地带的开阔区。

【分　　布】国内见于新疆、内蒙古、黑龙江、河北及江苏。

【鸣　　声】单调的短句颤音交替，似“diu-diu-”声。

【受威胁和保护等级】LC无危（IUCN，2016）；LC无危（中国生物多样性红色名录——脊椎动物卷，2020）；河北省重点保护鸟类。

331 栗耳鹀
Emberiza fucata

雀形目 Passeriformes	鹀科 Emberizidae	鹀属 *Emberiza*
别称：赤脸雀、高粱颏儿	英文名：Chestnut-eared Bunting	

【形态特征】体长：雄鸟150～160mm，雌鸟140～160mm。雄鸟繁殖羽额、顶至后颈灰色，具黑纵纹；耳羽栗色；喉白色，髭纹黑色，与上胸黑纵斑相连；胸带红褐色，非繁殖羽色淡；上喙褐色、下喙基肉色，虹膜暗褐色；脚肉色。雌鸟头上至后颈褐色，上胸黑纵纹细且模糊，胸带不显。

【生活习性】主要以昆虫和昆虫幼虫为食。繁殖期间多成对或单独活动，非繁殖期常成3～5只的小群或家族群活动在草丛中。

【生　　境】活动于开阔平原的荒地、休耕地及林缘地带、草地和灌丛等。

【分　　布】繁殖中国华北、华南，其中部分为留鸟；越冬于中国东南部及海南、中南半岛北部。

【鸣　　声】鸣唱为6～10个音段的组合，流畅但较平淡；鸣叫为短促的“ji”声。

【受威胁和保护等级】LC无危（IUCN，2016）；LC无危（中国生物多样性红色名录——脊椎动物卷，2020）；中国三有保护鸟类。

332 三道眉草鹀
Emberiza cioides

雀形目 Passeriformes	鹀科 Emberizidae	鹀属 *Emberiza*
别称：大白眉、犁雀儿、三道眉、山带子、山麻雀		英文名：Meadow Bunting

【形态特征】体长：雄鸟138～170mm，雌鸟135～170mm。体型似麻雀。背面近栗色而带近黑色纵纹；颏和喉近白色，下体余部大部红褐色；喙黑色，虹膜暗褐色；脚肉色。

【生活习性】冬春季以草籽、树木种子、谷粒等为食，夏季以昆虫为主。多以家族群方式生活，冬季集结成小群，性颇怯疑。

【生　　境】喜开阔丘陵地带的稀疏阔叶林、人工林和其他小片林缘、山麓平原、丘陵草地、灌丛、河谷、农田等。

【分　　布】国内广布，从东北北部西至新疆，南至广东，西南至四川等地。

【鸣　　声】雄鸟鸣声动听，特别在繁殖时期。在草丛中有时发出3～4声的“i-ji-ji”声。

【受威胁和保护等级】LC无危（IUCN，2016）；LC无危（中国生物多样性红色名录——脊椎动物卷，2020）；中国三有保护鸟类。

333 西南灰眉岩鹀
Emberiza yunnanensis

雀形目 Passeriformes	鹀科 Emberizidae	鹀属 *Emberiza*
别称：淡灰眉岩鹀、岩鹀、戈氏岩鹀	英文名：Southem Rock Bunting	

【形态特征】体长：雄鸟、雌鸟150～170mm。雄鸟头灰色较重；侧冠纹栗色而非黑色；顶冠纹灰色，可与三道眉草鹀区别；喙黑褐色、下喙色淡，虹膜褐色；脚肉色。雌鸟似雄鸟，但色淡。

【生活习性】主要以草籽、果实、种子和农作物等植物性食物为食。常成对或单独活动，非繁殖季节成5～8只或10多只的小群，有时亦集成40～50只的大群。

【生　　境】栖息于干燥而多岩石的丘陵山坡，及近森林而多灌丛的沟壑深谷和农耕地。

【分　　布】国内见于华北、华中及西南，为常见留鸟，部分种群冬季南迁。

【鸣　　声】鸣声多变，似淡灰眉岩鹀；声音响亮，由一个起始音节和一段婉转的语句组成，似"jiù，jiù"声。

【受威胁和保护等级】LC无危（IUCN，2018）；LC无危（中国生物多样性红色名录——脊椎动物卷，2020）。

334 黄鹀
Emberiza citrinella

雀形目 Passeriformes	鹀科 Emberizidae	鹀属 *Emberiza*
别称：黄眉鹀	英文名：Yellow hammer	

【形态特征】体长：雄鸟、雌鸟170～180mm。雄鸟繁殖羽头黄且具灰绿条纹，髭纹栗色；上体棕褐色；下体黄色，胸侧栗色杂斑成胸带；两胁具深纵纹；腰棕色。非繁殖羽与雌鸟相似，多具暗色纵纹，较少黄色；喙黑褐、下喙基泛黄色，虹膜深褐色；脚肉色或褐色。

【生活习性】冬天常与白头鹀混群，二者有杂交现象。性大胆。

【生　　境】栖息于山地林缘、人工草地、荒漠林、耕地和河谷灌丛。

【分　　布】国内见于新疆地区，为留鸟或冬候鸟。

【鸣　　声】单音的“啾”或一串颤音，似柳莺；鸣叫为一串甜美的重复音，似“ze-ze-ze-ze-ze-ze-ze-zoo-ziiii”。

【受威胁和保护等级】LC无危（IUCN，2018）；LC无危（中国生物多样性红色名录——脊椎动物卷，2020）；CITES附录III（2023）。

335 黄喉鹀 *Emberiza elegans*

雀形目 Passeriformes	鹀科 Emberizidae	鹀属 *Emberiza*
别称：春暖儿、黑月子、黄凤儿、探春、黄豆瓣、黄眉子		英文名：Yellow-throated Bunting

【形态特征】体长：雄鸟、雌鸟 140～150mm。雄鸟眼先至耳羽及脸颊黑色，眉纹鲜黄色，羽冠黑褐色；背红褐色，具黑轴斑及灰羽缘；喉黄色，胸具黑三角斑；喙黑褐色，虹膜暗褐色；脚肉色。雌鸟眼先至耳羽及脸颊黑褐色，眉纹黄褐，羽冠褐色，具黑纹；背色淡；喉至胸淡黄褐色。

【生活习性】单独或小群出现、地面取食；性机警，遇惊扰即隐入灌丛中。

【生　　境】栖息于海岸附近至山区的林缘、草地、灌丛、河谷、农田等。

【分　　布】国内越冬于沿海地区、西南及台湾；繁殖于中国东北、华北及华中。

【鸣　　声】鸣唱流畅婉转，似白眉鹀；鸣叫为单声的“jiu”，重复频率高。

【受威胁和保护等级】NT 无危（IUCN，2020）；LC 无危（中国生物多样性红色名录——脊椎动物卷，2020）；中国三有保护鸟类。

336 红颈苇鹀
Emberiza yessoensis

雀形目 Passeriformes	鹀科 Emberizidae	鹀属 *Emberiza*
别称：黑头	英文名：Japanese Reed Bunting	

【形态特征】体长：雄鸟、雌鸟 130～140mm。雄鸟繁殖羽头至上胸黑，似芦鹀及苇鹀，但本种无白色颊纹，腰及后颈红褐色；非繁殖羽头浅黑，似雌鸟但喉色深；喙黑褐色，虹膜深褐色；脚肉褐色。雌鸟似雄鸟，头顶、耳羽及眼先色深，眉纹皮黄色，小覆羽蓝灰色。

【生活习性】主要以禾本科植物草籽和谷粒为食。常成对或单独活动，活动在草丛与灌木丛中。

【生　　境】栖息于草地、灌丛、芦苇地、有矮丛的沼泽地等。

【分　　布】国内繁殖于东北，越冬于华东沿海，华中及华南偶有越冬记录。

【鸣　　声】鸣声为简短的“jiu jiu”声，常有短促颤音。

【受威胁和保护等级】LC 无危（IUCN，2019）；NT 近危（中国生物多样性红色名录——脊椎动物卷，2020）；中国三有保护鸟类。

337 芦鹀 *Emberiza schoeniclus*

雀形目 Passeriformes	鹀科 Emberizidae	鹀属 *Emberiza*
别称：大山家雀儿、芦鹀、大苇容	英文名：Common Reed Bunting	

【形态特征】体长：雄鸟、雌鸟150～170mm。雄鸟繁殖羽头黑色，白颊纹及颈环显著，上体棕色，背褐色且具黑纹；非繁殖羽及雌鸟头无黑色，整体色淡，头顶及耳羽具杂斑，腰皮黄色；站立时，外侧尾羽大片白色易见；上喙灰褐色、下喙黄色或基部色淡，虹膜暗褐色；脚浅褐色。

【生活习性】性活泼、机警。

【生　　境】栖息于开阔地带的芦苇丛、高草丛及灌丛中。

【分　　布】国内分布于新疆、青海、内蒙古及东北，迁徙经东部沿海，越冬于黄河上游、西北及东南沿海。

【鸣　　声】鸣叫为单声的“jiu”，音调较高。

【受威胁和保护等级】LC无危（IUCN，2019）；LC无危（中国生物多样性红色名录——脊椎动物卷，2020）；中国三有保护鸟类。

338 苇鹀
Emberiza pallasi

雀形目 Passeriformes	鹀科 Emberizidae	鹀属 *Emberiza*
别称：山苇容、苇鹀、山家雀儿	英文名：Pallas's Reed Bunting	

【形态特征】体长：雄鸟、雌鸟 130～140mm。雄鸟繁殖羽头至喉及上胸黑色，颊纹、颈圈白色；上体浅皮黄色，具黑褐斑，小覆羽蓝灰色。非繁殖羽头黑色夹杂褐色，喉至上胸黑褐色，中央白色，头侧至后颈皮黄色；上喙灰黑色、下喙黄褐色，虹膜暗褐色；脚浅褐色。雌鸟似雄鸟非繁殖羽。

【生活习性】单独或成对出现，不惧人。草丛或地面取食。

【生　　境】栖息于海岸至丘陵地带的芦苇丛、草丛和灌丛。

【分　　布】国内越冬于东北、西北、华北、东南沿海至香港。

【鸣　　声】鸣叫似麻雀，鸣唱为一单音节的重复，夹杂沉闷的“ze”声。

【受威胁和保护等级】CR 极危（IUCN，2017）；LC 无危（中国生物多样性红色名录——脊椎动物卷，2020）；中国三有保护鸟类。

339 黄胸鹀
Emberiza aureola

雀形目 Passeriformes	鹀科 Emberizidae	鹀属 *Emberiza*

别称：老铁背、铜背儿、禾花雀、骆驼背儿、黄肚囊、麦黄雀　英文名：Yellow-breasted Bunting

【形态特征】体长：雄鸟、雌鸟 140～150mm。雄鸟繁殖羽头黑色，顶至背部暗栗褐色，具黑纵斑；翼黑褐色；大覆羽前、中覆羽白色；颈、上胸、下腹鲜黄色，胸口具栗色横带；非繁殖羽色淡，头、耳羽具黄斑；喙黑褐色，下喙色淡，虹膜褐色；脚肉褐色。雌鸟色淡，胸无横带。

【生活习性】常与其他种类混群。

【生　　境】栖息于平原的高草丛、耕地或芦苇地和灌丛。

【分　　布】繁殖于中国东北，越冬至中国南部。

【鸣　　声】似“di di-wei-jiu jiu”声，鸣声为短促、音调高的金属音“jiu”。

【受威胁和保护等级】CR 极危（IUCN，2017）；CR 极危（中国生物多样性红色名录——脊椎动物卷，2020）；中国三有保护鸟类；国家一级重点保护野生动物。

340 田鹀
Emberiza rustica

雀形目 Passeriformes	鹀科 Emberizidae	鹀属 *Emberiza*
别称：白眉儿、田雀、花九儿、花眉子、花嗉儿		英文名：Rustic Bunting

【形态特征】体长：雄鸟、雌鸟 140～155mm。雄鸟繁殖羽头、脸黑色；下颏及喉白色；耳羽后具白斑；翼黑褐色，具两条白翼斑；上胸有栗红色胸带；腹白色。非繁殖羽头、耳羽黑褐色，喉中线黑色；喙褐色、下喙肉色，虹膜褐色；脚肉褐色。雌鸟似雄鸟非繁殖羽，色淡。

【生活习性】地面觅食，不惧人，停栖时，短羽冠常竖起。单独或小群出现。

【生　　境】栖息于次生灌丛、园林和耕地等。

【分　　布】越冬至中国东部。

【鸣　　声】鸣声复杂、多变；鸣叫为单声或一串“ji”声。

【受威胁和保护等级】LC 无危（IUCN，2017）；LC 无危（中国生物多样性红色名录——脊椎动物卷，2020）；中国三有保护鸟类。

341 小鹀
Emberiza pusilla

雀形目 Passeriformes	鹀科 Emberizidae	鹀属 *Emberiza*
别称：高粱头、红脸鹀、铁脸儿、麦寂寂、虎头儿、花椒子儿		英文名：Little Bunting

【形态特征】体长：雄鸟、雌鸟 120～140mm。雄鸟繁殖羽顶、脸红褐色，侧冠纹、耳羽外缘及髭纹黑色；翼上覆羽及飞羽羽缘红褐色，尾羽黑褐色，外侧白；喉淡红褐色；非繁殖羽色淡；喙黑褐、下喙色浅，虹膜暗褐色；脚肉褐色。雌鸟顶、脸及翼上覆羽淡红褐色。

【生活习性】主要食草籽、种子、果实等植物性食物，也吃昆虫等动物性食物。

【生　　境】栖息于海岸附近的林缘地带、农耕地、旷野及草地和灌丛等。

【分　　布】越冬至中国河北至云南一线的南部包括台湾和海南。

【鸣　　声】鸣唱富有颤音、连续；鸣叫细弱的“ji”声。

【受威胁和保护等级】LC 无危（IUCN，2016）；LC 无危（中国生物多样性红色名录——脊椎动物卷，2020）；中国三有保护鸟类。

342 灰头鹀
Emberiza spodocephala

雀形目 Passeriformes	鹀科 Emberizidae	鹀属 *Emberiza*
别称：青头楞、青头鬼、青头雀、黑脸鹀、蓬鹀		英文名：Black-faced Bunting

【形态特征】体长：雄鸟、雌鸟140～150mm。雄鸟繁殖羽头、颈、喉、上胸灰色，颜及眼先黑色，背浅褐色，具黑褐色纹；翼棕褐色，有两条浅色带，尾外侧白色；腹部皮黄色；非繁殖羽颜及眼先灰色。雌鸟头、颈橄榄色，头顶具浅褐色纹，眉纹灰褐色，颊纹、喉皮黄色。

【生活习性】杂食性，在早春和晚秋时以杂草籽、植物果实和各种谷物为食，夏季繁殖期大量啄食鳞翅目昆虫的幼虫及其他昆虫。单独或集小群活动。

【生　　境】喜开阔地带的岩石、林地、草地、灌丛、河谷、农田等多种生境，更喜荒漠野枣丛。

【分　　布】繁殖于中国东北，越冬于中国南方。

【鸣　　声】北返前开始鸣唱，声音婉转清脆；鸣叫为单声的“ze”。

【受威胁和保护等级】LC无危（IUCN，2016）；LC无危（中国生物多样性红色名录——脊椎动物卷，2020）；中国三有保护鸟类。

343 栗鹀
Emberiza rutila

雀形目 Passeriformes	鹀科 Emberizidae	鹀属 *Emberiza*
别称：紫背儿、大红袍、红金钟	英文名：Chestnut Bunting	

【形态特征】体长：雄鸟、雌鸟150mm。雄鸟繁殖羽头、颈、喉、上胸、背、腰、翅及尾上覆羽栗红色，两翼及尾羽黑褐色；下胸以下明黄色；非繁殖羽色淡，羽缘黄白色；喙粉褐色，虹膜暗褐色；脚淡褐色。雌鸟上背橄榄色，下背、腰及尾上覆羽栗红色，耳羽浅棕色。

【生活习性】以植物性食物为主兼食昆虫。除繁殖期间成对或单独活动外，其他季节多成小群活动。

【生　　境】喜灌丛及混交林和农田。小群活动于山麓林缘、田间树林、耕地和灌丛草地。

【分　　布】越冬于中国南部。

【鸣　　声】叫声单调，单音鸣叫时声低，似“ji”声；鸣啭时为3个音节，音似“liao-liao-li”。

【受威胁和保护等级】LC无危（IUCN，2016）；LC无危（中国生物多样性红色名录——脊椎动物卷，2020）；中国三有保护鸟类。

344 黄眉鹀
Emberiza chrysophrys

雀形目 Passeriformes	鹀科 Emberizidae	鹀属 *Emberiza*
别称：大眉子、金眉子、黄三道、五道眉儿	英文名：Yellow-browed Bunting	

【形态特征】体长：雄鸟、雌鸟140～160mm。雄鸟繁殖羽头黑色；颊纹、顶冠纹后白色；眉纹前段黄，后段白；耳羽后具白斑。尾羽黑褐色，外侧白；非繁殖羽顶冠纹白色，耳羽黑褐色；喙褐色、下喙基色淡，虹膜暗褐色；脚淡褐色。雌鸟似雄鸟非繁殖羽。

【生活习性】单独或小群活动，性机警，常藏蛋于灌丛中，与其他鸟类混群，于地表取食。

【生　　境】喜开阔地带的岩石、草地、灌丛、河谷、农田等。

【分　　布】迁徙经过中国东部大部分地区，于长江流域以南各地越冬。

【鸣　　声】鸣声响亮而多颤音；鸣叫为单音节的“zi–”声，金属感强。

【受威胁和保护等级】LC无危（IUCN，2016）；LC无危（中国生物多样性红色名录——脊椎动物卷，2020）；中国三有保护鸟类。

345 白眉鹀
Emberiza tristrami

雀形目 Passeriformes	鹀科 Emberizidae	鹀属 *Emberiza*

别称：小白眉、五道眉、白三道儿　　英文名：Tristram's Bunting

【形态特征】体长：雄鸟140～150mm，雌鸟130～145mm。雄鸟繁殖羽头至颈黑色，顶纹、眉纹、颊纹白色，耳羽后具白斑；翼黑褐色。非繁殖羽顶冠纹、眉纹浅褐色，耳羽、喉黑褐色；喙褐色，虹膜褐色；脚肉色。雌鸟似雄鸟非繁殖羽，但侧冠纹黑褐色，耳羽褐色。

【生活习性】繁殖期间常单独或成对活动，善隐蔽，一般躲藏在林下灌丛和草丛中活动和觅食，很少暴露在外。

【生　　境】栖息于开阔地带的岩石、草地、灌丛、河谷及林缘地带。

【分　　布】繁殖于中国东北，越冬至中国南方、中南半岛北部。

【鸣　　声】鸣唱为婉转的7～9个音节；鸣叫为音调高的单声"ji"。

【受威胁和保护等级】LC无危（IUCN，2018）；LC无危（中国生物多样性红色名录——脊椎动物卷，2020）；中国三有保护鸟类。

中文名索引

学名索引

A

B

C